普通高等教育教材

传感器技术导论

CHUANGANQI
JISHU
DAOLUN

梁峻阁◎主编
顾晓峰　吴佳糠◎副主编

U0913248

化学工业出版社
·北京·

内容简介

《传感器技术导论》是一本系统全面介绍传感器基础理论、关键技术及其典型应用的教材。全书共分8章，从传感器概述入手，逐步深入到无人驾驶、工业自动化、海洋环境监测、军事国防、航空航天和大气环境检测等应用领域，构建了一个从基础到前沿、从理论到实践的完整知识体系。

本书注重理论与实践的结合，突出技术的前沿性与系统性，旨在帮助读者建立对传感器技术的全面认知，并激发其在科技创新中的应用能力。本书结构清晰、内容翔实，每章均配有知识导图、学习目标、小结与习题。本书的配套资源请扫码获取（封底）。

本书适合作为高等院校电子信息类、自动化类、仪器类、机械类等专业的教材，也可供相关领域工程技术人员参考。

图书在版编目（CIP）数据

传感器技术导论 / 梁峻阁主编 ；顾晓峰，吴佳糠副主编. -- 北京 ：化学工业出版社，2026. 2. --（普通高等教育教材）. -- ISBN 978-7-122-49858-8

Ⅰ. TP212

中国国家版本馆 CIP 数据核字第 2026X71U81 号

责任编辑：周　红　宋　辉　　　　文字编辑：严春晖
责任校对：刘　一　　　　　　　　装帧设计：王晓宇

出版发行：化学工业出版社
（北京市东城区青年湖南街 13 号　邮政编码 100011）
印　　装：大厂回族自治县聚鑫印刷有限责任公司
710mm×1000mm　1/16　印张 10½　字数 207 千字
2026 年 3 月北京第 1 版第 1 次印刷

购书咨询：010-64518888　　　　售后服务：010-64518899
网　　址：http://www.cip.com.cn
凡购买本书，如有缺损质量问题，本社销售中心负责调换。

定　　价：49.80 元

版权所有　违者必究

前言

在当今信息技术飞速发展的时代，传感器作为信息感知与获取的核心器件，已成为推动科技进步和产业升级的重要力量。从工业生产到日常生活，从深海探测到太空探索，传感器无处不在，其技术的发展水平直接体现了一个国家的科技创新能力和工业实力。我们编写这本《传感器技术导论》的初衷，正是为了系统、全面地介绍传感器技术的基本原理、典型应用及发展趋势，为读者构建一个清晰而扎实的知识体系。

本书从传感器的基本概念出发，逐步深入到其在多个重要领域的应用，涵盖了无人驾驶、工业自动化、海洋环境监测、军事国防、航空航天以及大气环境检测等多个前沿方向。在编写过程中，我们注重理论与实践的结合，既阐述了传感器的物理机理和数学模型，也通过大量实际案例展示了其在不同场景下的具体应用。每一章都配有知识导图、学习目标、小结与习题，帮助读者更好地把握重点、检验学习效果。

传感器技术是一门跨学科的综合性技术，涉及物理、化学、材料、电子、信息等多个领域。本书在内容安排上力求系统性与前瞻性并存，既包括经典的传感器类型如压电传感器、霍尔传感器、红外传感器等，也涵盖了如 MEMS 传感器、光纤传感器、量子传感器等新兴技术。同时，我们还特别关注了传感器在智能化、网络化、微型化方面的发展趋势，以及多传感器融合、边缘计算、人工智能赋能等前沿方向。

在无人驾驶章节中，我们详细分析了视觉传感器、激光雷达、毫米波雷达等关键传感设备的工作原理与系统集成方式，探讨了多传感器融合技术在提升自动驾驶安全性方面的重要作用。在工业自动化部分，我们重点介绍了力学传感器、超声波传感器和智能位移传感器在智能制造中的应用，体现了传感器在提升生产精度与效率方面的价值。海洋环境监测一章则聚焦于声学传感器与湿度传感器，展示了传感器在极端环境下的可靠性与适应性。军事国防与航空航天章节分析了传感器在高精度、高可靠性要求下所面临的技术挑战与解决方案，而大气环境检测一章则回归人类生存环境，探讨了传感器在生态文明建设中的社会责任。

本书不仅适合作为高等学校电子信息类、自动化类、仪器类、机械类等专业的教材，也可供从事传感器研发、系统集成、应用开发的工程技术人员参考。我们希望读者通过本书的学习，不仅能够掌握传感器的基本理论，更能够激发创新思维，将传感器技术应用于更多未知领域，推动技术与社会的发展。

在本书的编写过程中，我们参考了大量国内外优秀教材、科研论文与技术报告，力求内容准确、表述清晰。但由于传感器技术涉及面广、发展迅速，书中难免存在疏漏与不足之处，恳请广大读者批评指正。

编者

目录

第 1 章 传感器概述

知识导图

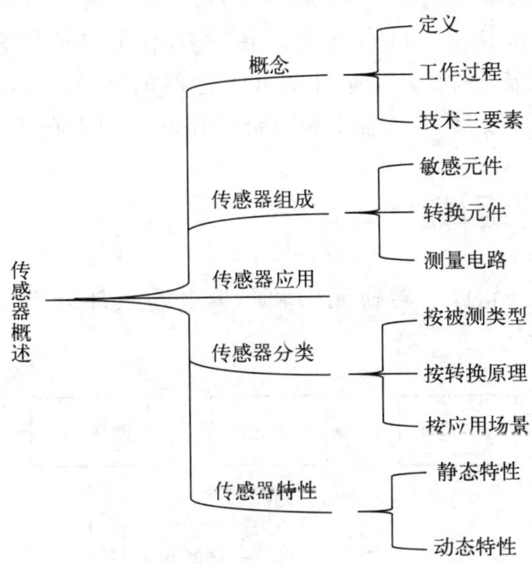

学习目标

1. 能清晰阐述传感器定义、工作过程及其核心组成部分的功能；
2. 能依据被测量类型、转换原理和应用场景对传感器进行分类，并列举各类代表性传感器及其主要应用领域；
3. 能解释并区分传感器的核心静态特性和动态特性。

1.1 传感器及传感技术的概念

传感器是将各种非电量（包括物理量、化学量、生物量等）按一定规律转换成便于处理和传输的另一种物理量（一般为电量）的装置。

传感器的工作过程通常包括以下几个步骤：感知、转换、处理和输出。传感器的感知部分直接接触或响应外部环境的变化。传感器将感知到的物理量转换成电信号或其他形式的信号，转换过程是传感器的核心部分，涉及非电量到电量的转换。转换后的信号通常需要进一步处理，这个处理可以是放大、滤波或数字化等，以便信号能够被测量系统或者控制系统正确解读和利用。最终，处理后的信号会输出到显示设备、控制系统或数据记录系统，以便进一步分析和应用。

传感技术是利用各种功能材料实现信息检测的一门应用技术，它是检测（传感）原理、材料科学、工艺加工三个要素的最佳结合。检测原理指传感器工作时所依据的物理效应、化学反应和生物反应等机理，各种功能材料则是传感技术发展的物质基础。从某种意义上来讲，传感器也就是能感知外界各种被测信号的功能材料。研究和开发传感技术，不仅要求原理正确、选材合适，而且要求有先进的、高精度的加工装备技术。除此之外，传感技术还包括传感软件技术——其核心是解决传感元件在各个领域的应用，如传感器的选择、标定以及接口技术等。总之，随着科学技术的发展，传感技术的研究开发范围正在不断扩大。

1.2 传感器的组成

传感器一般由敏感元件、转换元件和测量电路三部分组成，有时还需要加辅助电源，如图 1-1 所示。

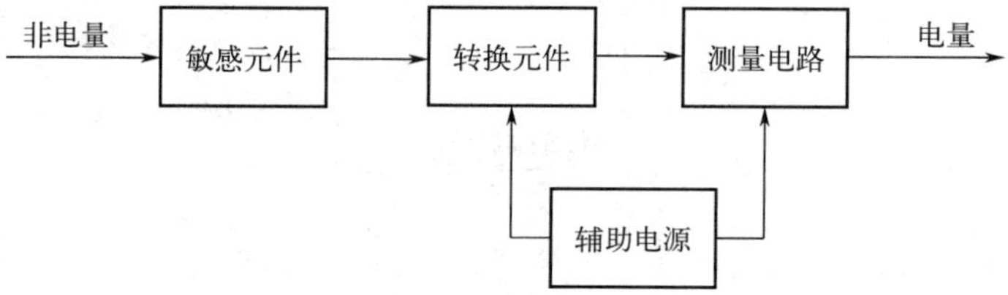

图 1-1　传感器的组成

① 敏感元件（预变换器）　在完成非电量到电量的变换时，并非所有的非电量都能利用现有手段直接变换成电量，往往是将被测非电量预先变换成另一种易于变换成电量的非电量，然后再变换成电量。能够完成预变换的器件称为敏感元件，又称预变换器。如在传感器中各种类型的弹性元件常被称为敏感元件，并统称为弹性敏感元件。

② 转换元件　将感受到的非电量直接转换成电量的器件称为转换元件，例如压电晶体、热电偶等。当然，也并非所有传感器都包括敏感元件和转换元件，在一些传感器中，敏感元件和转换元件可以合二为一，如压阻式压力传感器等。

③ 测量电路　将转换元件输出的电量变成便于显示、记录、控制和处理的有用电信号的电路称为测量电路。测量电路的类型视转换元件的分类而定，经常采用的有

电桥电路及其他特殊电路，如高阻抗输入电路、脉冲调宽电路、振荡回路等。

1.3 传感器的应用

近年来，由于科学技术、经济发展及生态平衡的需要，传感器在各个领域中的作用也日益显著。在工业生产自动化、能源、交通、灾害预测、安全防卫、环境保护、医疗卫生等方面所开发的各种传感器，不仅能代替人的感官功能，更能为检测人的感官所不能感受的参数创造十分有利的条件。

物联网应用中使用了许多不同类型的传感器，包括声学、振动、负载、运动等物理传感器以及水和空气质量等环境传感器。伴随着人工智能与自动化的发展，越来越多的传感器被用来监测记录机器的健康状态和性能，实现工业的自动化不仅要用到常见的压力传感器、位置传感器以及红外传感器等，还要用到智能传感器，新一代高级智能传感器将成为工业自动化的心脏，极有可能是未来自动化工业中最为重要的一类传感器。随着自动驾驶的发展，就市场份额而言，雷达传感器因其在自动驾驶和ADAS中不可或缺的作用而在2023年占据市场主导地位，与此同时自动驾驶领域常用的传感器还有摄像头以及超声波传感器等，激光雷达用于检测物体的速度和距离，摄像头用于识别和分类物体，超声波传感器用于近距离检测障碍物，这些传感器共同作用，帮助车辆感知周围环境，实现车辆安全驾驶。在汽车制造行业中，车身的精密尺寸和形状控制至关重要。激光位移传感器不但用于检测车身的几何形状和尺寸以确保各部件的精准对接，还可以通过检测焊接接头的精确尺寸，识别潜在的焊接缺陷。传感技术的应用提高了生产过程的精度和效率，同时也保证了最终产品的高质量和可靠性。因此，近几年来传感技术的应用研究在许多工业发达的国家得到了普遍重视。

1.4 传感器的分类

传感技术经过数十年发展，已形成多维度、跨领域的庞大体系。根据不同的分类标准，传感器可划分为若干具有明确技术边界和应用特征的类别，这些分类方式共同构建了传感技术的系统性认知框架。

① 按被测量分类　按被测量类型分类是最贴近工程实践的划分方式，它直接关联被测对象的物理、化学属性。力学量传感器涵盖压力、加速度、扭矩等参数的检测，典型代表如压阻式压力传感器和微机电系统（MEMS）加速度计；热学量传感器聚焦温度、热流测量，热电偶和热敏电阻是其核心载体；光学量传感器通过光电效应感知光强、图像信息，广泛应用于CCD/CMOS图像传感器；电磁量传感器则基于霍尔效应或电磁感应原理检测电流、磁场强度；化学与生物量传感器作为新兴分支，通过电化学或生物分子识别机制分析气体成分、pH值乃至葡萄

糖浓度，在环境监测与医疗诊断领域作用显著。值得注意的是，现代复杂系统往往需要多类传感器协同工作，例如自动驾驶车辆同时依赖力学量传感器、光学量传感器及电磁量传感器实现环境感知。

② 按转换原理分类　也可以基于转换原理进行分类。电阻式传感器利用材料应变或热阻特性改变电阻值，如金属应变片；电容式传感器通过极板间距或介质变化调节电容量，微机械麦克风即属此类；电感式传感器依据电磁感应原理检测金属位移；压电式传感器借由压电晶体受力生电的特性捕捉机械振动；光电式传感器主要依赖光电子发射效应、光电导效应和光伏效应来转换光信号为电信号；热电式传感器则基于塞贝克效应（热电偶）或电阻-温度特性（RTD）实现测温。当前 MEMS 技术正推动多原理传感器融合，例如，硅基压阻传感器将压阻效应与微纳加工技术结合，显著提升集成度与灵敏度。

③ 按应用场景分类　根据应用场景传感器可以分为以下几种。工业自动化领域依赖高精度的激光位移传感器控制机械臂的运动轨迹；汽车电子系统中，氧传感器实时优化发动机燃烧效率，毫米波雷达满足车规级可靠性与−40～125℃宽温区工作要求；医疗健康领域注重生物兼容性，柔性 ECG 电极可长期贴合皮肤监测心电信号；环境监测传感器追求长期稳定性与低功耗，如应用于光伏供电的水质多参数检测探头；消费电子则驱动微型化革新，智能手机中的微陀螺仪芯片厚度已突破 0.5mm。

1.5　传感器的一般特性

1.5.1　传感器的静态特性

传感器在被测量的各个值处于稳定状态时，输出量和输入量之间的关系称为静态特性。通常，要求传感器在静态状态下的输出-输入关系保持线性。传感器的静态特性是在静态标准条件下测定的。在标准工作状态下，利用一定精度等级的校准设备，对传感器进行往复循环测试，即可得到输出-输入数据。将这些数据列成表格，再画出各被测量值（正行程和反行程）对应输出平均值的连线，即为传感器的静态校准曲线。

传感器静态特性的主要指标有以下几点：

① 线性度（非线性误差）　在规定条件下，传感器校准曲线与拟合曲线间最大偏差与满量程（$F \cdot S$）输出值的百分比称为线性度，如图 1-2 所示。用 δ_L 代表线性度，则：

$$\delta_L = \pm \frac{\Delta Y_{\max}}{Y_{F \cdot S}} \times 100\% \tag{1-1}$$

式中，$\Delta Y_{\max}$ 为校准曲线与拟合曲线间的最大偏差；$Y_{F \cdot S}$ 为传感器满量程输出，$Y_{F \cdot S} = Y_{\max} - Y_0$。由上式可知，非线性误差是以一定的拟合直线或理想直线为基准直线算出来的。

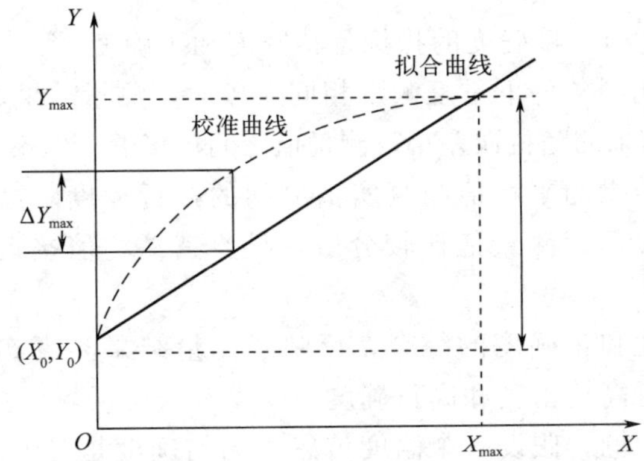

图 1-2　传感器的线性度

考虑一个压力传感器，其输出电压应与施加的压力成线性关系，假设该传感器压力范围为 0～1000psi（1psi＝6894.76Pa），输出电压应从 0V 到 5V 线性变化。如果施加 100psi 时输出电压为 0.4V，而不是预期的 0.5V，或者在 500psi 时输出电压为 2.3V，而不是预期的 2.5V，那么就需要检查传感器的线性度。如果实际输出与理想线性关系有显著偏差，则说明传感器的线性度有问题。

② 灵敏度　传感器的灵敏度（S）指达到稳定工作状态时输出变化量 Δy 与引起此变化的输入变化量 Δx 之比，即：

$$S=\frac{\mathrm{d}y}{\mathrm{d}x} \tag{1-2}$$

它是输出-输入特性曲线的斜率。如果传感器的输出和输入之间成线性关系，则灵敏度（S）是一个常数；否则，它将随输入量的变化而变化，如图 1-3 所示。

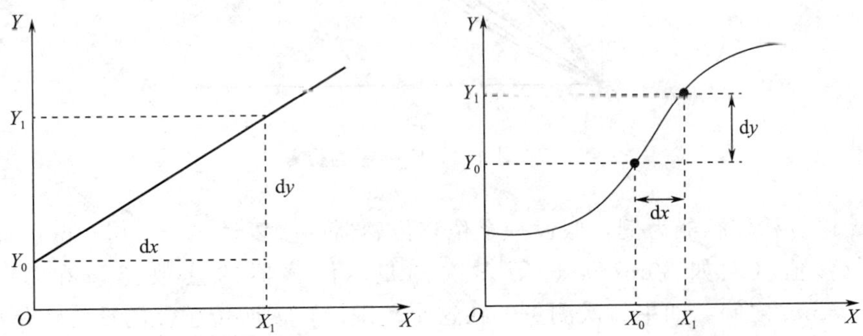

图 1-3　传感器的灵敏度

以温度传感器为例，假设一个温度传感器的灵敏度是 0.1mV/℃，这意味着每变化 1℃，传感器的输出电压会变化 0.1mV，如果温度从 20℃升高到 21℃，传感器的输出电压会增加 0.1mV。

③ 精确度（精度） 精确度的指标是精密度和正确度。

精密度是指在相同条件下重复测量相同对象时，测量结果之间的接近程度。高精密度意味着测量结果的随机误差小，测量值之间很接近，但不一定接近真实值。

正确度是测量结果的平均值与真实值之间的接近程度。高正确度意味着测量结果的系统误差小，即使测量值比较分散，只要其平均值接近真实值，正确度就是高的。

准确度是精密度和正确度的综合，反映了测量结果与真实值的接近程度。高准确度要求同时具有高精密度和高正确度。

以温度传感器为例，假设一个温度传感器的精确度是±0.5℃，如果实际环境温度为 25℃，传感器的测量值应在 24.5℃到 25.5℃之间。精确度越高，传感器的测量结果与真实值之间的差异越小。

④ 重复性 重复性是指当传感器在相同工作条件下，输入量按同一方向全量程连续多次测试时所得到的特性曲线不一致的程度，如图 1-4 所示。重复性指标的高低程度属于随机误差性质。重复性所反映的是测量结果偶然误差的大小，而不表示与真实值之间的差别，有时重复性虽然很好，但可能偏离真实值。

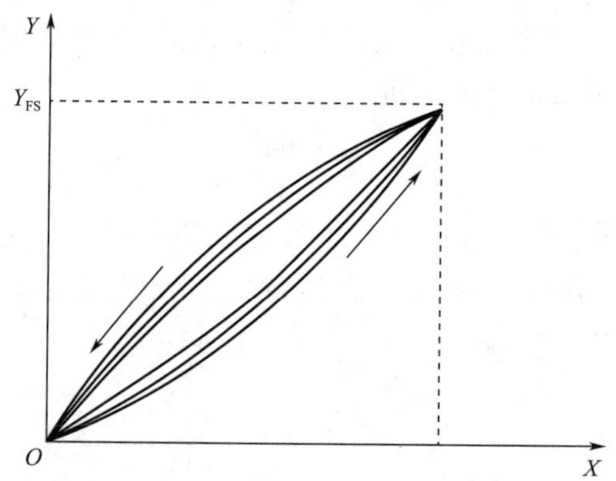

图 1-4 传感器的重复性

以位移传感器为例，假设一个位移传感器的重复性为±0.05mm。如果对同一个位移值（例如 30mm）进行多次测量，传感器的读数应该在 29.95mm 到 30.05mm 之间。如果每次测量都在这个范围内，说明传感器的重复性是稳定的。

⑤ 最小检测量和分辨力 最小检测量是指传感器能确切反映被测量的最低极限量。最小检测量越小，表示传感器检测微量的能力越强。

由于传感器的最小检测量易受噪声的影响，所以一般用相当于噪声电平若干倍的被测量作为最小检测量，用公式表示为：

$$M=\frac{CN}{K} \tag{1-3}$$

式中，M 为最小检测量；C 为系数（一般取 1～5）；N 为噪声电平；K 为传感器的灵敏度。

以压力传感器为例，假设一个压力传感器的最小检测量为 0.2psi。如果施加的压力从 50.0psi 变为 50.1psi，传感器可能无法检测到这个变化，但如果压力变化超过 0.2psi，传感器能够感知到这个变化。

分辨力指传感器在规定测量范围内检测被测量的最小变化量的能力。当输入变化值未超过某一数值时，传感器的输出不会发生变化（即传感器分辨不出输入量的变化）。只有当输入量的变化超过了分辨力的量值时，其输出才会发生变化。将分辨力除以仪表的满度量程就是仪表的分辨率。

以光电传感器为例，如果光电传感器的分辨力为 1μm，这意味着传感器可以检测到光强变化的最小单位为 1μm。例如，如果波长变化小于 1μm，传感器可能无法准确测量这个变化。

总的来说，最小检测量关注的是传感器能够可靠地检测到的最小变化量，这涉及传感器的灵敏度；而分辨率关注的是传感器的输出能够区分的最小单位，通常与传感器的内部分辨精度相关。

⑥ 迟滞　迟滞是指传感器在正向（输入量增大）和反向（输入量减小）行程中，输出与输入特性曲线不一致的程度，如图 1-5 所示。迟滞一般用两曲线之间输出量的最大差值与满量程输出的百分比表示，即：

$$E_1=(\Delta Y_{max}/Y_{FS})\times 100\% \tag{1-4}$$

迟滞现象反映了传感器机械结构和制造工艺上的缺陷，如轴承摩擦、间隙、螺丝松动、元件腐蚀或碎裂及积尘等。

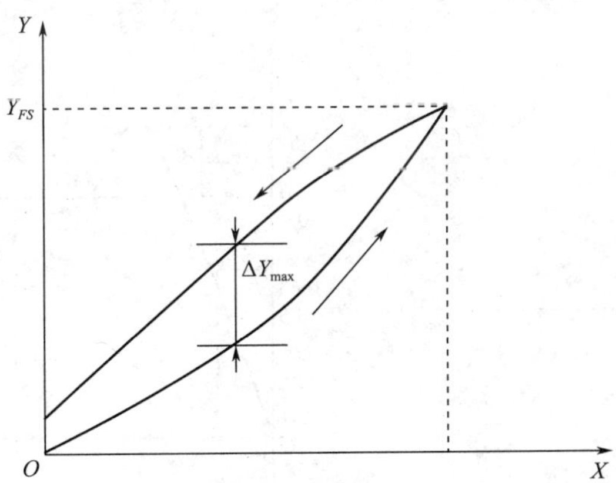

图 1-5　传感器的迟滞特性图

以压力传感器为例，假设一个压力传感器在上升压力时输出读取的值为

100psi，但在压力下降回到相同的点时，输出可能会显示为98psi。这个差异就是迟滞现象。它可能是由传感器内部机制导致，反映了压力传感器的响应滞后。

⑦ 漂移　传感器的漂移是指传感器在长时间运行或不同环境条件下，其输出信号发生的持续变化。这种变化不是由于被测量的实际改变而引起，而是由传感器本身的内部特性或外部环境的变化引起的。漂移会导致传感器的读数逐渐偏离真实值，从而影响测量的准确性和可靠性。

漂移通常可分为零点漂移、灵敏度漂移和温度漂移。以热电偶温度传感器为例，一根热电偶在初期能准确测量到100℃，但随着时间的推移，因金属材料的老化或环境因素的影响，测得的温度可能逐渐偏离100℃，可能显示为105℃。为了减小漂移的影响，通常需要定期校准传感器，进行温度补偿，或者采用更稳定的材料和设计。此外，有些高精度传感器可能包含自动补偿机制以减小漂移对测量结果的影响。

1.5.2 传感器的动态特性

动态特性是指传感器对随时间变化的输入量的响应特性。传感器所检测的非电量信号大多数是时间的函数。为了使传感器输出信号和输入信号随时间的变化曲线一致或相近，一般要求传感器不仅应有良好的静态特性，而且还应具有良好的动态特性。传感器的动态特性是传感器的输出值能够真实地再现变化输入量的能力的反映。传感器的动态特性常用阶跃响应来表示。

阶跃响应是描述传感器或系统对阶跃输入信号的响应情况。阶跃输入是一个从某一初始值突然跃升到新的稳态值的信号，常用来测试系统在突然变化条件下的行为。例如，幅值为 A 的阶跃信号如图1-6（a）所示。$t<0$，$x(t)=0$，表示既无输入也无输出。$t>0$，$x(t)=A$，是一个幅值为 A 的信号输入，而此时传感器的阶跃响应（输出）如图1-6（b）所示。

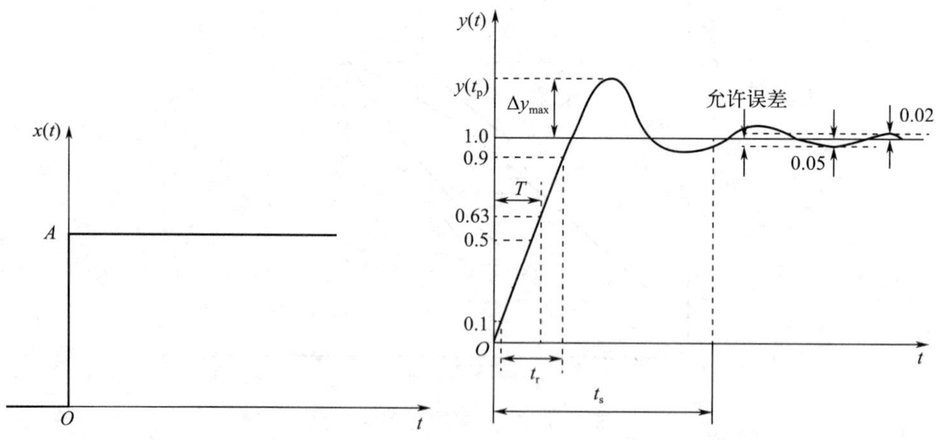

(a)阶跃信号图　(b)阶跃响应曲线图

图1-6　阶跃响应

整个响应分为动态和稳态两个过程。其中动态过程是指传感器从初始状态到接近最终状态的响应过程；而稳态过程是指时间 $t \to \infty$ 时传感器的输出状态。阶跃响应主要是通过分析动态过程来研究传感器的动态特性，传感器的时域动态性能指标通常用其阶跃响应过渡曲线上的特性参数来表示。主要参数有上升时间 t_r、稳定时间 t_s、峰值时间 t_p、超调量 $\sigma\%$ 和稳态误差 e_s。

阶跃响应的主要特性指标如下：

① 上升时间 t_r：输出由稳态值的 10%变化到稳态值的 90%所用的时间。

② 稳定时间 t_s：指系统从阶跃输入开始到系统稳定在稳态值给定百分比时所需的最小时间。

③ 峰值时间 t_p：阶跃响应曲线达到第一个峰值所需的时间。

④ 超调量 $\sigma\%$：通常用过渡过程中超过稳态值的最大值 Δy（过冲）与稳态值之比的百分数表示，反映了传感器的动态精度，$\sigma\%$ 越小过渡过程越平稳，公式如下：

$$\sigma\% = \frac{\Delta y_{\max}}{y(\infty)} \times 100\% \tag{1-5}$$

⑤ 稳态误差 e_s：指当 $t \to \infty$ 时，传感器阶跃响应达到稳态时的实际值与期望值之差，它反映了传感器的稳态精度。

本章小结

传感器作为现代信息技术的感知核心，本质是将各类非电量按规律转换为可处理的电信号的装置，其工作涵盖感知、转换、处理与输出四个关键环节。传感技术则是检测原理、功能材料与精密工艺三要素的融合，并延伸至标定、接口等软件技术领域。典型传感器由敏感元件、转换元件及测量电路构成，辅助电源则为有源器件提供能量支持。当前全球传感器市场呈现爆发式增长，2023 年规模达 2259 亿美元，预计 2032 年将突破 4572 亿美元，物联网设备连接量超 300 亿台，其应用已深度渗透工业自动化、自动驾驶、医疗健康及环境监测等领域。传感器分类体系多维化：按被测量可分为力学量、热学量、光学量等；按转换原理分为电阻式、电容式、压电式等；按场景需求衍生出工业级、车规级、医疗级等专用类型。性能层面，静态特性关注稳定状态下的线性度、灵敏度、重复性及漂移等指标；动态特性则通过阶跃响应参数评估时变信号的跟踪能力。总体而言，传感技术通过多学科交叉融合推动微型化、智能化发展，成为人工智能、物联网及自动化系统的基石。

习题

思考题

1. 传感技术强调“非电量到电量的转换”，而现代智能传感器常直接输出数字信号。试分析这种转变如何重新定义“转换”的内涵，并阐述其对传感技术三要素（原理、材料、工艺）的影响。

2. 自动驾驶系统需融合毫米波雷达、摄像头和激光雷达的数据。从传感器特性角度，解释为何单一传感器无法满足全场景需求，并说明多传感器融合如何解决“精确度”与“环境适应性”的矛盾。

填空题

1. 传感器一般由__________、__________和__________三部分组成，有时还需辅助电源。

2. 2023年全球传感器市场规模达__________亿美元，预计2032年将增长至__________亿美元。

3. 按被测量类型分类，检测压力的压阻式传感器属于__________量传感器，而热电偶属于__________量传感器。

4. 传感器的线性度是指校准曲线与__________曲线间的最大偏差占__________的百分比。

5. 当输入量按同一方向全量程多次测试时，输出曲线的一致性程度称为__________。

第2章　传感器与无人驾驶

知识导图

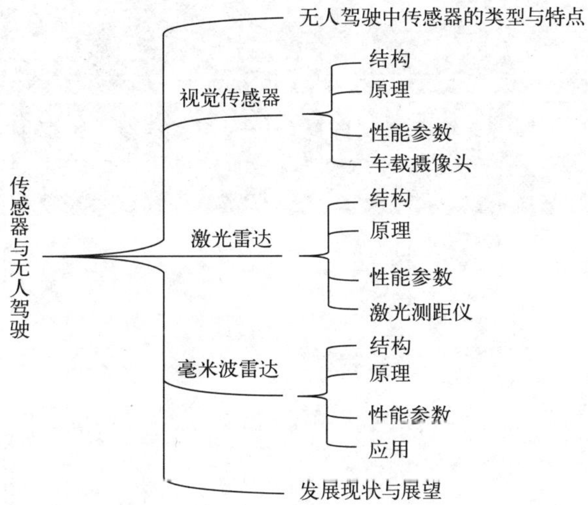

学习目标

1. 理解传感器功能特性；
2. 掌握多传感器融合逻辑；
3. 分析技术落地面临的挑战；
4. 了解技术演进趋势。

2.1　无人驾驶中传感器的类型及特点

随着科技的发展，传感器的应用范围越来越广泛，并推动了无人驾驶汽车技术的发展。传感器能够实时监测汽车行进过程中的数据信息，借助其在无人驾驶汽车中的广泛应用，能够极大地提升车辆行驶的稳定性和安全性。

无人驾驶是指以计算机为中心所构建的智能系统，该系统可赋予汽车环境感知、路径规划、车辆自动控制的能力。在无人操作汽车的状态下，通过人工智能对汽车进行各种操作，提升汽车驾驶效率和汽车驾驶的安全性。无人驾驶汽车能够及时收集车辆信息和环境信息。作为复杂的系统工程，无人驾驶汽车技术涵盖了多门类的科学技术。无人驾驶汽车技术经历了漫长的研发过程，它需要对行驶汽车的各项实时动态数据进行准确测量，进而确保无人驾驶汽车行驶的安全性和稳定性。

美国国家公路交通安全管理局 2013 年发布的文件将自动驾驶分为 6 个等级，如图 2-1 所示。

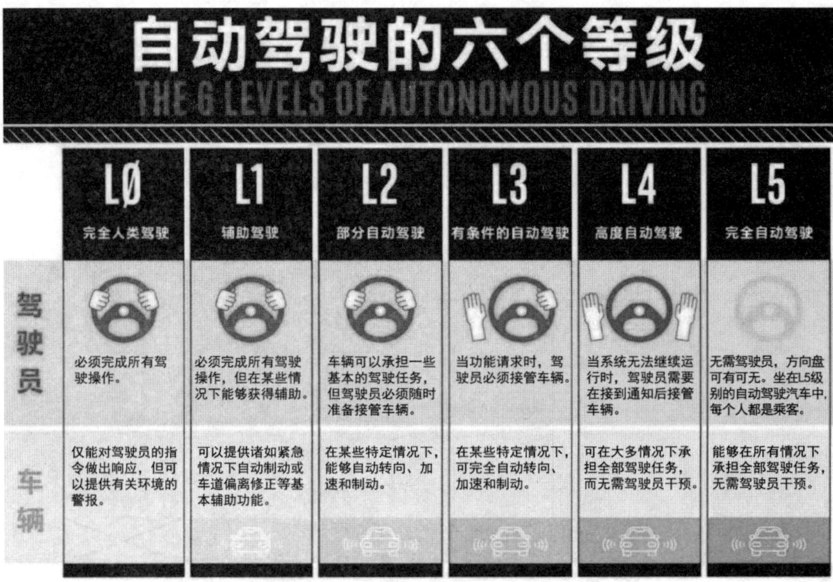

图 2-1　自动驾驶的六个等级

L0：完全人工驾驶，无自动化，需要驾驶员进行道路观察、汽车驾驶、汽车控制等操作。

L1：辅助驾驶，具有自动化的单一功能，为驾驶员提供技术支援，比如常见的自适应巡航、车道保持、自动紧急刹车等，此时驾驶员需要对行车安全负责。

L2：部分自动驾驶，具有多个自动化功能，此时驾驶员与汽车分享控制权，驾驶员可以在某些预设条件下不操作汽车，但需要随时准备接管汽车控制权。

L3：有条件的自动驾驶，在简单道路环境下，比如高速公路或人流较少的城市路段，汽车可以自动驾驶并承担安全责任，此时驾驶员仍需要在某些条件下干预汽车驾驶。

L4：高度自动驾驶，可以在大多数情况下承担全部驾驶任务，而无需驾驶员干涉。

L5：完全自动驾驶，为无人驾驶的最高等级，此时已完全实现自动化，不需要驾驶员的任何操作，只需起点和终点位置，汽车就能抵达并保障行车安全。

为了实现无人驾驶的最终目标 L5，需要使用复杂的传感器网络以及多传感器融合技术获取汽车行驶过程中的环境数据。汽车传感技术是新时代汽车工业的重要组成部分，不同类型的汽车对传感器的需求也各有不同，传感器的使用方案通常由汽车驾驶工程师制定。汽车传感技术能够对行驶中的汽车进行有效监控，采集汽车周边的实时环境数据，近似于人类的感知神经系统。目前，在无人驾驶汽车技术中应用最多的传感器主要有视觉传感器、毫米波雷达、激光雷达、超声波传感器、听觉传感器等。

2.2 视觉传感器

视觉传感器可以采集汽车周边图像信息，与人类视觉最为接近。摄像头需拥有较广的垂直视场角、较高的纵向分辨率，而且可以提供颜色和纹理信息等。这些信息有助于自动驾驶系统实现行人检测、车辆识别、交通标志识别等相对高层语义的任务。摄像头采集的图像或者图像序列，经过计算机的处理分析后，可实现对丰富的环境信息，如行人、自行车、机动车、道路轨道线、路牙、路牌、信号灯等的识别。更为重要的是通过机器学习算法的加持，还可以实现车距测量、道路循迹，从而实现前车碰撞预警（FCW）和车道偏离预警（LDW）。

2.2.1 结构

视觉传感器主要由光源、镜头、图像传感器、数模转换器、图像处理器、图像存储器等组成，其主要功能是获取足够的机器视觉系统要处理的原始图像。根据镜头的不同，视觉传感器主要有以下三种：单目摄像头、双目摄像头、三目摄像头。

（1）单目摄像头

单目摄像头一般安装在前挡风玻璃上部，用于探测车辆前方环境，识别道路、车辆、行人等。单目摄像头的算法思路是先识别后测距，先通过图像匹配进行目标识别（各种车型、行人、物体等），再通过目标在图像中的大小去估算目标距离。在识别和估算阶段，都需要与样本库进行比较。想要识别各种车型，就要搭建车型数据库。

单目摄像头的优点是成本低廉，能够识别具体障碍物的种类，算法成熟度高，识别精准。单目摄像头的缺点是其视野完全取决于镜头，焦距短的镜头视野广，但缺失远处的信息；单目测距的精度较低，无法识别没有明显轮廓的障碍物；工作准确率与外部光线条件有关，并且受限于数据库，缺乏自学习功能。

视觉传感器的成像图是透视图，即越远的物体成像越小。近处的物体，需要用几百甚至上千个像素点描述；而处于远处的同一物体，可能只需要几个像素点即可描述出来。这种特性会导致越远的地方，一个像素所代表的距离越大。因此，对单目摄像头来说，物体越远，测距的精度越低。

（2）双目摄像头

双目摄像头，顾名思义，就像人眼一样，配备了两个摄像头，人眼之所以能够感受到物体离我们的距离，就是因为有两只眼睛分别对同一物体进行成像，从而将产生的两个画面作对比，即“距离”。双目检测的方式就是通过对两幅图像视差的计算，直接对前方景物进行距离测量，而无需判断前方出现的是什么类型的障碍物。随着自动驾驶技术的兴起，目前奔驰、宝马等品牌新车型都有采用双目前视摄像头。在双目摄像头驾驶辅助技术的研发道路上，日本斯巴鲁推出的 EyeSight 系统占据较为突出的地位。

双目摄像头的算法思路是先测距后识别，首先利用视差直接测量目标与本车的距离，然后在识别阶段，双目仍然要利用与单目一样的特征提取和深度学习等算法，进一步识别目标。双目摄像头首先对前方目标（图像所能拍摄到的范围）进行距离测量，而无需判断前方出现的是什么类型的目标。依靠两个平行布置的摄像头产生的视差，找到同一个目标所有的点，依赖精确的三角测距就能够算出摄像头与前方目标的距离，实现更高的识别精度和更远的探测范围。

将双目测距原理应用在图像上的每一个像素点时，即可得到图像的深度信息。深度信息的加入不仅便于障碍物的分类，而且能提高地图定位匹配的精度。

双目摄像头需要两个摄像头具有较高的同步率和采样率，技术难点在于双目标定及双目定位。相比单目摄像头，双目摄像头没有识别率的限制，无须先识别，可直接进行测量，直接利用视差计算距离精度更高，无须维护样本数据库。

（3）三目摄像头

三目摄像头实际上是三个不同焦距单目摄像头的组合。三目摄像头的感知范围更大，但需要同时标定三个摄像头，工作量大。

特斯拉电动汽车搭配了八个摄像头，车辆后面安装有一个倒车摄像头，车辆前面安装有一个三目摄像头，车辆两侧每侧各有两个摄像头，分别是侧前视和侧后视。特斯拉电动汽车的三目摄像头安装在挡风玻璃下方，增加了深度学习功能，可识别障碍物位置、可行空间、车辆状态、行人、交通标志、交通信号灯等信息，使车辆对周围的感知能力提升了 6 倍。

三目摄像头的感知范围由远及近，分别为：前视窄视野摄像头，最远感知 250m；前视主视野摄像头，最远感知 150m；前视宽视野摄像头，最远感知 60m。

由于三目摄像头每个相机的视野不同，因此近处的测距交给宽视野摄像头，中距离的测距交给主视野摄像头，更远的测距交给窄视野摄像头。这样，每个摄像头都能发挥其最大优势。三目摄像头的缺点是需要同时标定三个摄像头，因此工作量更大一些。其次，软件部分需要关联三个摄像头的数据，对算法的要求也很高。

2.2.2 原理

图像传感器的作用是将镜头所成的图像转变为数字或模拟信号输出，它是视觉检测的核心部件，主要有CCD图像传感器和CMOS图像传感器两种。

CCD成像的原理为使用相机拍摄景物时，景物反射的光线通过相机的镜头投射到CCD感光元件表面。当CCD曝光后，光电二极管受到光线的激发释放出电荷，感光元件的电信号便由此产生。CCD控制芯片利用感光元件中的控制信号线路对光电二极管产生的电流进行控制，由电流传输电路输出，同时将一次成像产生的电信号收集起来，统一输出到放大器。经过放大和滤波后的电信号被送到A/D单元，由A/D单元将电信号（此时为模拟信号）转换为数字信号，数值的大小和电信号的强度（即电压的高低）成正比。这些数值其实就是图像的数据。不过单依靠前面所得到的图像数据还不能直接生成图像，还要输出到数字信号处理器（DSP）中。在DSP中，这些图像数据被进行色彩校正、白平衡处理（视用户在相机中的设定而定）等后期处理，编码为相机所支持的图像格式、分辨率等数据格式，然后才会被存储为图像文件。最后，图像文件就被写入存储器（内置或外置存储器）。

CMOS成像原理：CMOS成像基于半导体光电效应，在硅基像素中构建PN结，光线照射产生的光生电流经像素内电路放大后，由CMOS芯片的处理单元转换为数字信号，最终合成为图像。

CCD与CMOS的主要差异：CCD传感器的每一行的每一个像素的电荷数据都会依次传送到下一个像素中，由最底端部分输出，再经由传感器边缘的放大器进行放大输出；而在CMOS传感器中，每个像素都会邻接一个放大器及A/D转换电路，用类似内存电路的方式将数据输出。

造成这种差异的原因在于CCD的特殊工艺可保证数据在传送时不会失真，因此各个像素的数据可汇聚至边缘再进行放大处理；而CMOS工艺的数据在传送距离较长时会产生噪声，因此必须先放大再整合各个像素的数据，CMOS虽然成像质量不如CCD，但是CMOS因为功耗小（仅为CCD芯片的1/10左右）、体积小、质量轻、集成度高、价格低而迅速得到各大厂商的青睐。目前除了专业摄像机，大部分带有摄像头的设备使用的都是CMOS。

2.2.3 性能参数

图像传感器的技术指标主要有像素、帧率、靶面尺寸、感光度和信噪比等。

（1）像素

像素是图像传感器的最小感光单位，即构成影像的最小单位。一帧影像画面由许多密集的亮暗、色彩不同的点组成，这些小点称为像素。像素的多少由CCD/CMOS上的光敏元件数目决定，一个光敏元件就对应一个像素。因此，像素越大，意味着光敏元件越多，相应的成本就越高。像素用两个数字来表示，如720×480，720表示在图像长度方向上所含的像素点数，480表示在图像宽度方向上所含的像素点数，二者的乘积就是该相机的像素数。

（2）帧率

帧率代表单位时间内记录或播放图片的数量。人类视觉系统存在视觉暂留效应，当图片的播放速度大于 15 幅/s 的时候，人眼就基本看不出来图片的跳跃了，在达到 24～30 幅/s 时就已经基本觉察不到闪烁现象了。每秒的帧数或者帧率表示图像传感器在工作时每秒能够更新的次数。高的帧率可以得到更流畅、更逼真的视觉体验。

（3）靶面尺寸

靶面尺寸也就是图像传感器感光部分的大小，一般用英寸（1inch＝25.4mm）来表示。通常这个数据指的是图像传感器的对角线长度，如常见的靶面尺寸有 2/3inch。靶面越大，意味着通光量越大；而靶面越小，则比较容易获得更大的景深。例如，1/2inch 有较大的通光量，而 1/4inch 比较容易获得较大的景深。

（4）感光度

感光度代表通过 CCD 或 CMOS 以及相关的电子线路感应到的入射光线的强弱。感光度越高，感光面对光的敏感度就越强，快门速度就越高，这在拍摄运动车辆或用于夜间监控的时候显得尤为重要。

（5）信噪比

信噪比是指信号电压对噪声电压的比值，单位为 dB。一般摄像机给出的信噪比值均是 AGC（自动增益控制）关闭时的值。当 AGC 接通时，会对小信号进行提升，使得噪声电平也相应提高。信噪比的典型值为 45～55dB。若为 50dB，则图像有少量噪声，但图像质量良好；若为 60dB，则图像质量优良，不出现噪声。信噪比越大，说明对噪声的控制越好。

2.2.4 车载摄像头

视觉传感器在自动驾驶汽车领域应用十分广泛，技术较为成熟，成本也较为低廉。车载摄像头是高级驾驶辅助系统（advanced driver assistance systems，ADAS）的主要视觉传感器，是实现众多预警、识别等各类 ADAS 功能的基础。摄像头借由镜头采集图像后，由摄像头内的感光组件电路及控制组件对图像进行处理并转化为计算机能处理的数字信号，从而实现感知车辆周边的路况，实现前向碰撞预警、车道偏移报警和行人检测等 ADAS 功能。表 2-1 为摄像头可实现的 ADAS 功能。

表 2-1 摄像头可实现的 ADAS 功能

ADAS 功能	使用摄像头	功能简介
车道偏离预警（LDW）	前视	当前摄像头检测到车辆即将偏离车道线时，就会报警
前向碰撞预警（FCW）	前视	当前摄像头检测到与前车距离过近、可能发生追尾时，就会发出警报

续表

ADAS 功能	使用摄像头	功能简介
交通标志识别（TSR）	前视、侧视	识别前方道路两侧的交通标志
车道保持辅助（LKA）	前视	当前摄像头检测到车辆即将偏离车道线时，就会向控制中心发出信息，然后由控制中心发出指令，及时纠正行驶方向
行人碰撞预警（PCW）	前视	前视摄像头会标记前方道路行人，并在可能发生碰撞时及时发出警报
盲点检测（BSD）	侧视	利用侧视摄像头，将后视镜盲区内的影像显示在驾驶舱内
全景泊车（SVP）	前视、侧视、后视	利用车辆前后左右的摄像头获取的影像和图像拼接技术，输出车辆周边全景图
泊车辅助（PA）	后视	泊车时将车尾的影像显示在驾驶舱内，预测并标记倒车轨迹，辅助驾驶员泊车
驾驶员注意力监测	内置	安装在车内，用于监测驾驶员是否疲劳、闭眼等

根据不同的 ADAS 功能要求，摄像头安装位置也不尽相同。按安装位置的不同，可分为前视、后视、侧视和内置四个部分。其中，前视摄像头的使用频率最高，单一摄像头可实现多项功能，如行车记录、车道偏离预警、前向碰撞预警、行人识别等。前视摄像头根据系统有效距离的需求来选择。当系统需要有效距离较远时，前视摄像头需要长焦镜头；当系统需要有效距离较近、视角较广时，前视摄像头一般使用广角镜头。前视摄像头一般安装在车内后视镜上或者前挡风玻璃上较高的位置。

目前，侧视摄像头将代替后视镜成为发展趋势。由于后视镜的范围有限，存在视觉盲区，当另一辆在斜后方的车位于这个范围之内时，驾驶员就无法发现此车。盲区的存在大大增加了交通事故发生的概率。而在车辆两侧加装侧视摄像头可以基本覆盖盲区，当有车辆进入盲区时，系统就会自动提醒驾驶员注意。

以前视摄像头为例，前置单摄是近几年国内乘用车前视摄像头的主流方案。目前，采用前视双摄和三摄等摄像头方案的新能源车型较受青睐。伴随着 360°全景泊车和环视系统的发展，未来单辆车的车载摄像头预计达到 6 个以上，其中一个是前视，一个是后视，另外 4 个是侧视。全景泊车系统通过安装在车身周围的多个超广角摄像头，同时采集车辆四周的影像，经过图像处理单元矫正和拼接之后，形成一幅车辆四周的全景俯视图，实时将其传送至中控台的显示设备上。驾驶员坐在车中就可以"上帝视角"直观地看到车辆所处的位置以及车辆周围的障碍物。

目前智能驾驶感知层解决方案分为两种流派：以特斯拉为代表的视觉主导方案和以 WAYMO 为代表的激光雷达主导方案。视觉主导方案以摄像头为主，配合毫米波雷达、超声波雷达、低成本激光雷达；激光雷达主导方案以激光雷达为主导，配合毫米波雷达、超声波雷达、摄像头。

摄像头测距能力相对较弱，且受环境光照的影响大，但摄像头的核心优势在于非常适用于物体识别，数据量远超其他传感器。摄像头成像原理与人眼类似，物体反射的光通过镜片在传感器上成像，通过后续的图像分析算法，摄像头可以完成物体分类。同时，摄像头拥有最高的线性密度，其数据量远超其他类型的传感器。因摄像头具有图像信息密度最高的优势，这使得它处于整个感知融合的中心地位。

特斯拉 FSD V12（Full Self-Driving）版本是该公司在自动驾驶技术领域的一次大胆尝试，其核心在于高度依赖摄像头的视觉方案，摒弃了传统的雷达传感器。这一决策背后是对深度学习和计算机视觉技术的极度自信。特斯拉的 Autopilot 系统配备了 8 个环绕车身的高清摄像头，每个都有不同的视野范围，从广角到长焦，确保 360°无死角覆盖。这些摄像头捕捉的图像经由特斯拉自研的神经网络处理，该网络通过不断学习和优化，能够识别道路标志、行人、其他车辆，甚至是小至路面上的障碍物。

Autopilot 的感知工作主要依赖 3 个前置摄像头、2 个侧方前视摄像头、2 个侧方后视摄像头、1 个后视摄像头、12 个超声波传感器、1 个毫米波前置雷达，通过多传感器融合冗余设计，保障感知功能的可靠性。特斯拉通过 8 个摄像头完成 360°全方位周围环境检测，雷达则负责探测前方障碍物的距离及行进速度，且不受天气影响。其中，侧视摄像头可实现左右两侧车道无盲区。侧后视装在翼子板上，位置靠前；侧前视装在 B 柱，在侧后视安装位置的之后 1m 处。侧前视和侧后视相互重叠，这 4 个摄像头完全覆盖了左右车道，为特斯拉 L3 级别的功能（变道、合流、出高速）提供全方位成像。前视摄像头是一个三目摄像头的总成件，配合雷达解决特斯拉前向测距的问题，可探测车前 250m 的路况，为 ADAS 功能中的自适应巡航（ACC）、交通拥堵辅助（TJA）等功能提供成像。

2.3 激光雷达

激光雷达，即 LiDAR（light detection and ranging），是以发射激光束来探测目标的位置、速度等特征量的雷达系统。其工作原理是向目标发射探测信号（激光束），然后将接收到的从目标反射回来的信号（目标回波）与发射信号进行比较，做适当处理后，就可获得目标的有关信息，如目标距离、方位、高度、速度、姿态，甚至形状等参数，从而对障碍物、移动物体等目标进行探测、跟踪和识别。

2.3.1 结构

激光雷达由激光发射系统、光电接收系统、信号采集处理系统、控制系统等组成。激光雷达的工作原理与雷达非常相近，它以激光作为信号源，由激光器发射出的脉冲激光打到目标上时会引起散射，一部分光波会反射到激光雷达的接收器上。

激光雷达发射系统主要负责向障碍物发出激光信号，主要由激光器、导入与合束系统、对准监测系统、扩束系统、库德光路系统和快速反射镜组成。

激光雷达接收系统主要负责接收经障碍物反射之后回来的激光信息，主要由接收光学系统、光电探测器、放大器（前置放大器、主放大器）等组成。接收体可分为相干接收和非相干接收。前者接收的灵敏度高，但系统复杂。目前采用最多的还是直接探测系统。

激光雷达信号采集处理系统主要负责将接收回来的信号进行处理，使它能够符合下一级系统的要求，它是激光雷达系统最关键的环节，会直接影响激光雷达系统的测量精度。接收的信号经过放大处理和数模转换，经由信息处理模板计算，可获取目标表面形态、物理属性等特性，最终建立物体模型。

激光雷达控制系统的主要作用是提供信号，并且对接收的信号进行数据处理。它既要完成对传动机构、激光器、扫描机构及各信号处理电路的同步协调与控制，又要对接收器送出的信号进行处理，根据这些信号计算出目标物体的距离信息。成像激光雷达还要完成系统三维图像数据的录取、产生、处理、重构等任务。

激光雷达硬件的核心是激光器和探测器。激光器是能发射激光的装置，按工作介质可分为气体激光器、固体激光器、半导体激光器和染料激光器四大类。近来还发展了自由电子激光器，大功率激光器通常都是脉冲式输出。探测器是能接收光学信号的装置。光电探测器的工作原理基于光电效应，可分为光子探测器和热探测器。热探测器通过吸收光辐射能量升高自身温度，进而改变其电学性能，与光子探测器相比，热探测器的最大特点是对光辐射的波长无选择性。

软件的核心是信号处理算法。目前，激光雷达的终端信息处理系统设计主要采用大规模集成电路和计算机。其中，测距单元可利用 FPGA（field programmable gate array，现场可编程门阵列），它是在 PAL、GAL 等可编程器件的基础上进一步发展的产物。它作为专用集成电路（ASIC）领域中的一种半定制电路而出现，既解决了定制电路的不足，又克服了原有可编程器件门电路数量有限的缺点。在高精度激光雷达中还需采用精密测时技术。对于成像激光雷达来说，系统还需要解决图像行的非线性扫描修正、幅度或距离图像显示等问题。对于回波信号的幅度量化，采用模拟延时线和高速运算放大器组成峰值保持器捕获信号，后采用高速 AD 完成幅度量化。图像数据采集由高速 DSP 完成，图像处理及三维显示可由工业控制计算机完成。

2.3.2 原理

激光雷达通过测算激光发射信号与激光回波信号的往返时间，从而计算出目标的距离。首先，激光雷达发出激光束，激光束碰到障碍物后被反射回来，被激光接收系统接收和处理，从而测得激光从发射至被反射回来并接收之间的时间，即激光的飞行时间。根据飞行时间，可以计算出障碍物的距离。

根据所发射激光信号的不同形式，激光测距方法有脉冲测距法和相位测距法等。

（1）脉冲测距法

在采用脉冲法进行距离测量时，首先由激光器发射一个短暂的光脉冲信号，与此同时，预设的计时器同步启动以记录时间。当这一光脉冲遇到障碍物并被其反射，随后被接收系统捕获时，计时器即刻停止，如图 2-2 所示。此时，计时器上显示的数值即为光脉冲自发射至接收所历经的时间段。光速在标准大气条件下为恒定值，具体约为 3×10^8m/s，因此，只需掌握这一时间段，便可通过简单的计算（即距离 L 等于光速 c 乘以时间 t 的一半，公式为 $L=ct/2$）来确定待测距离。

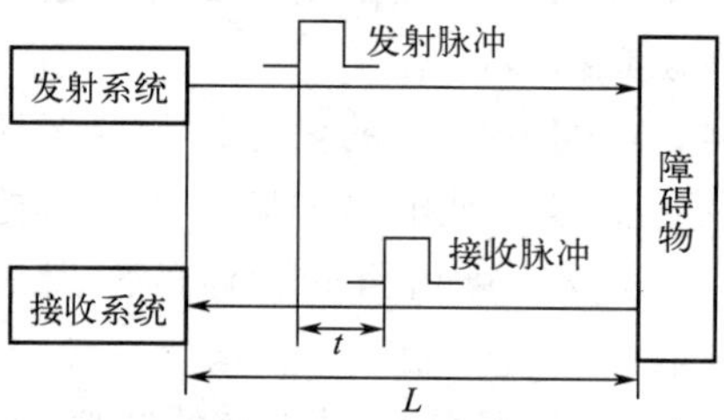

图 2-2　脉冲测距法原理

脉冲式激光测距技术以其卓越的远程测量能力著称，这得益于其相对较高的发射功率，通常介于几瓦至数十瓦之间，这使得该技术能够实现最远至数十公里的测量距离。然而，实现高精度测距的核心挑战之一在于对激光脉冲在空中飞行时间的精确捕捉与测量。值得注意的是，激光脉冲测距的精确度与分辨率直接关联于发射信号的带宽或是经过处理后的脉冲信号的宽度。具体而言，脉冲信号越窄，其对应的测量性能便更为优越，因为更窄的脉冲能够减少时间测量的不确定性，从而提高整体测距的精确度和分辨能力。

（2）相位测距法

相位法激光测距原理是利用发射波和返回波之间形成的相位差来测量距离。首先，经过调制的信号通过发射系统发出一个正弦波的光束，然后通过接收系统接收经过障碍物反射回来的激光。只要求出这两束光波之间的相位差，便可通过此相位差计算出待测距离，如图 2-3 所示。

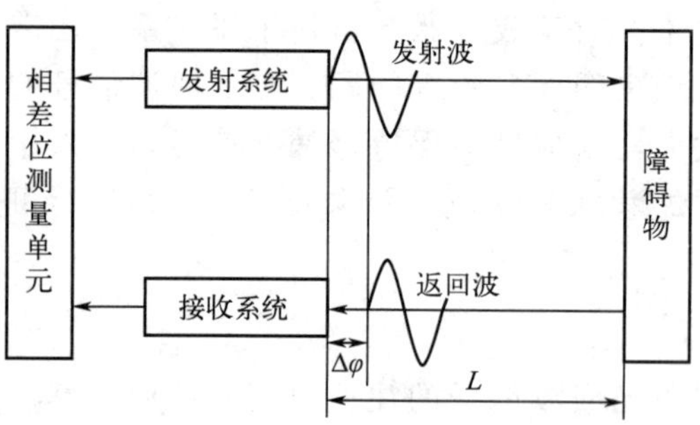

图 2-3　相位测距法原理

激光从发射到接收的时间为：

$$t=\frac{\Delta\varphi}{\omega}=\frac{\Delta\varphi}{2\pi f} \tag{2-1}$$

式中，t 为激光从发射到接收的时间；$\Delta\varphi$ 为发射波和返回波之间的相位差；ω 为正弦波角频率；f 为正弦波频率。

待测距离为：

$$L=\frac{1}{2}ct=\frac{c\Delta\varphi}{4\pi f} \tag{2-2}$$

相位测距法因其精度高、体积小、结构简单、昼夜可用等优点，被公认为是最有发展潜力的距离测量技术。相比于其他类型的测距方法，相位测距法朝着小型化、高稳定性、与其他仪器集成方便的方向发展。

2.3.3 性能参数

激光雷达的主要参数有很多：探测距离、距离分辨率、测距精度、测距帧频、数据采样率、视场角（垂直+水平）、角度分辨率、激光波长、出点数、线束、安全等级、输出参数、P 防护等级、功率、供电电压、激光发射方式（机械/固态）、使用寿命等。实际应用中，使用者感受最深的有六大参数：探测距离、测距精度、线束、视场角（垂直+水平）、角度分辨率、出点数。

（1）探测距离

在众多参数中，探测距离是最重要的一项。探测距离指的是传感器能探测到物体的最远距离。这在很大程度上取决于激光源的功率。功率越高，探测物体的距离就越远，但允许发射的最大激光功率受人眼安全规定的限制。决定探测距离的其他因素包括激光雷达参数（如激光器类型和孔径大小）和反射对象的特性（如尺寸、距离、反射率、漫反射或镜面反射），以及天气和温度等外部因素。例如，白色反射体反射率大约为 70%，黑色反射体反射率为 7% ～ 20%。

（2）距离分辨率

距离分辨率是指两个目标物体可区分的最小距离。

（3）测距精度

测距精度是指探测距离的精确度，一般以厘米计。探测精度越高，3D 景深刻画得越准确。

（4）数据采样率

数据采样率是指每秒输出的数据点数，等于帧率乘以单幅图像的点云数目。通常数据采样率会影响成像的分辨率，特别是在远距离，点云越密集，目标成像就越精细。

（5）视场角

视场角是激光雷达传感器覆盖的角度或者是激光雷达信号发射的角度。机械式激光雷达能够 360°旋转，所以水平视场角是 360°。固态激光雷达的水平视场角会小一些，水平视场角越大，能够探测的范围越广。

垂直视场角只适用于多线束激光雷达，是指最上面一束激光和最下面一束激光形成的夹角。

（6）角度分辨率

角度分辨率是指扫描的角度分辨率，等于视场角除以该方向所采集的点云数目，因此本参数与数据采样率直接相关。

（7）线束

激光雷达分为单线束和多线束。单线束激光雷达只有一个激光发射器，随着雷达转动形成一条水平扫描线，所以只能检测前方有没有障碍物。

多线激光雷达在垂直方向有多个激光发射器，随着雷达转动形成多条水平扫描线，这样就能够扫描一个平面。

（8）出点数

出点数也叫周期采集点数，一个64线的激光雷达，水平视场角是120°，水平分辨率在10Hz的扫描频率下是0.2°，激光一次打出64个点，扫描一次120°能打出64×120÷0.2=38400个点，1s扫描10次，一共有384000个点。而出点数越多，扫描的效果就越好。

2.3.4 激光测距仪

少线束激光雷达主要应用于智能网联汽车ADAS，如奥迪A8L安装的4线束激光雷达，可为其自适应巡航控制系统、车道偏离预警系统、自动紧急制动系统、交通拥堵辅助系统等提供支持。

多线束激光雷达主要用于无人驾驶，具有高精度电子地图和定位、障碍物识别、可通行空间检测、障碍物轨迹预测等功能。

L4级和L5级的智能网联汽车必须使用多线束激光雷达、360°发射激光，从而达到360°扫描，获取车辆周围行驶区域的三维点云，通过比较连续感知的点云、物体的差异来检测周边物体的运动，由此创建一定范围内的3D地图。

未来，以激光雷达为代表的高新技术将在多等级三维空间目标的实时获取方面取得重大突破。将激光雷达嵌入地面车载或移动系统可用于城市道路、堤坝、隧道及大型建筑物等复杂三维空间目标的实时监测与模型化，激光雷达是建立三维城市地理信息系统（geographic information system 或 geo-information system，GIS）最迫切需要的技术之一。

2012年5月，谷歌研发的自动驾驶汽车正式获得了美国内华达州车辆管理局（DMV）颁发的执照，这是自动驾驶汽车首次获得美国颁发的执照，激光雷达也首次正式在自动驾驶汽车上崭露头角。

与其他雷达系统相比，激光雷达有着探测范围更广、探测精度更高的优势。激光雷达也因此成为目前自动驾驶汽车上应用最广泛的传感器之一。激光雷达在自动驾驶中有两个核心功能：三维环境感知和SLAM加强定位。在三维环境感知方面，激光雷达通过激光扫描可以得到汽车周围环境的三维模型，运用相关算法比对上一帧和下一帧环境的变化，可以较为容易地探测出周围的车辆和行人，并进行障碍物的检测、分类和跟踪。在SLAM加强定位方面，激光雷达可以通过扫描得到的点云数据实现地图同步创建。因此，激光雷达在生成高精地图中是一个非常重要的传感器。另外，激光雷达有着较为稳定的优势，受环境光照的影响较小，因此定位和地图创建的精度高。在加强定位过程中，一方面通过GPS得到初始位置信息，再通过IMU和车辆的编码器（encoder）配合得到车辆的初始位置；另一方面，将激光雷达的三维点云数据，包括几何信息和语义信息进行特征提取，并结合车辆初始位置进行空间变换，以获取基于全局坐标系的矢量特征。最后，将初始位置信息、激光雷达提取的特征与高精度地图的特征信息进行匹配，从而获取一个准确的定位。

目前，许多自动驾驶汽车的激光雷达安装在车顶，通过高速旋转对周围进行360°扫描，获取周围空间的点云数据，实时绘制出车辆周边的三维空间地图，为下一步的车辆操控提供决策依据。因为激光雷达通过发射激光工作，所以在黑夜等各种照明条件下都可以正常工作。但是，激光雷达的缺点也十分明显，在雨雾或极端天气下性能较差，需采集的数据量过大，价格因此十分昂贵。比如如今市场上的32线激光雷达每秒就能扫描约70万个三维数据点，虽然精度高，但造价可达数万美元。特别是激光雷达线束的多少直接与垂直角分辨率有关，线束越多，垂直角分辨率越高，但价格也就越昂贵。

2.4 毫米波雷达

2.4.1 结构

毫米波雷达系统主要包括天线、前端收发组件、数字信号处理器和控制电路，其中毫米波雷达最核心的硬件组成部分是天线和前端收发组件。

天线用来发射雷达信号并接收来自目标的雷达回波信号，是毫米波雷达有效工作的关键部件之一。由于天线尺寸和波长相当，所以毫米波雷达的天线可以很小，从而可以使用多根天线来构成阵列天线，实现窄波束。由于波长很短，与Wi-Fi和蓝牙的PCB天线类似，因此毫米波雷达可以使用微带贴片天线，即在PCB板上的接地层上制作一系列开路的微带线作为天线。由于毫米波的频率较高，毫米波雷达通常使用高频板材。

前端收发组件是毫米波雷达的核心射频部分，它包括多种功能电路，如低噪声放大器（LNA）、功率放大器、混频器和收发系统等，需具备电路损耗小、噪声低、频带宽、动态范围大、功率大、附加效率高、抗电磁辐射能力强等特点。

数字信号处理器是毫米波雷达的重要组成部分，它通过嵌入不同的信号处理算法，提取从前端采集到的中频信号，来获得特定类型的目标信息。毫米波雷达的数字处理主要算法包括阵列天线波形形成和扫描算法，信号预处理、杂波处理算法，目标检测、测量算法，目标分类与跟踪算法等。

控制电路是车载毫米波雷达系统实现主动安全控制的最后一环，首先根据信号处理器获得的目标信息，结合车身动态信息进行数据融合，然后通过主处理器进行数据处理，对车辆周围环境进行分析处理。比如对前方的行人或障碍物进行识别判断，并迅速做出处理和发送指令，及时传输给报警显示系统，提醒驾驶员。

2.4.2 原理

毫米波雷达的工作过程如图2-4所示，它是通过天线向外发射毫米波，利用接收机接收目标反射信号，经信号处理器处理后快速准确地获取汽车周围的环境信息，如汽车与其他物体之间的相对距离、相对速度、角度、行驶方向等，然后根据所探知的物体信息进行目标追踪和识别，进而结合车身动态信息进行数据融合，最终通过中央处理单元（ECU）进行智能处理，经合理决策后，以声、光及触觉等多种方式告知或警告驾驶员，或及时对汽车做出主动干预，从而保证汽车行驶的安全性和舒适性，降低事故发生率。

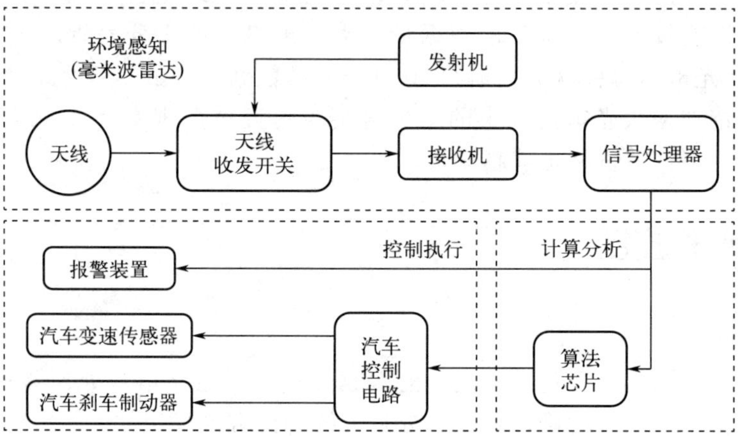

图 2-4　毫米波雷达工作过程

（1）测距原理

毫米波雷达通过发射天线发出相应波段且有指向性的毫米波，当毫米波遇到障碍物目标后会反射回来，通过接收天线接收反射回来的毫米波。根据毫米波的波段，利用公式计算毫米波在途中飞行的时间，再结合前车行驶速度和本车的行驶速度，就可以获取毫米波雷达（本车）与目标之间的相对距离，同时也可确定目标的具体位置，如图 2-5 所示。

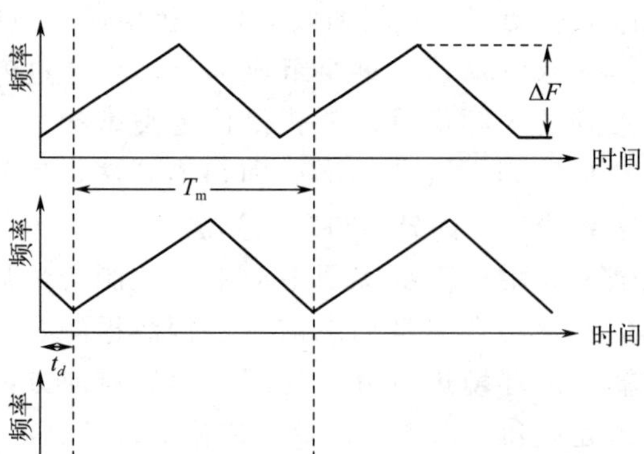

图 2-5　测距原理

（2）测速原理

毫米波雷达测速基于多普勒效应（Doppler effect）。所谓多普勒效应，是指当声音、光和无线电波等振动源与观测者以相对速度 v 运动时，观测者所收到的振动频率与振动源所发出的频率不同。因为这一现象是奥地利科学家多普勒最早发现的，所以称之为多普勒效应。也就是说，当发射的电磁波和被探测目标存在相对移动时，回波的频率会和发射波的频率不同。当目标向雷达天线靠近时，反射信号频率将高于发射信号频率；反之，当目标远离天线而去时，反射信号频率将低于发射信号频率。由多普勒效应所形成的频率变化称为多普勒频移，它与相对速度成正比，与振动的频率成反比。如此，通过检测这个频率差，可以测得目标相对于雷达的移动速度，也就是目标与雷达的相对速度，如图 2-6 所示。

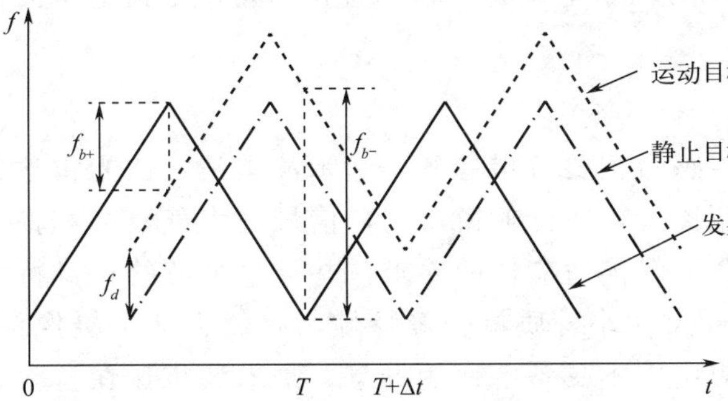

图 2-6　测速原理

（3）测角原理

毫米波雷达的发射天线发射出毫米波后，遇到被检测物体即会反射回来，毫米波雷达并列的接收天线阵列接收同一目标的反射回波，通过计算收到同一监测目标反射回来的毫米波的相位差，就可以计算出被监测目标的方位角。原理如图 2-7 所示，毫米波雷达发射天线 TX 向目标发射毫米波，两个接收天线 RX1、RX2 接收目标反射信号。方位角是将毫米波雷达接收天线 RX1 和接收天线 RX2 之间的几何距离 d，以及两个毫米波雷达天线所接收到反射波的相位差 b，进行三角函数计算得到的值，可以据此获取被检测目标的方位角。

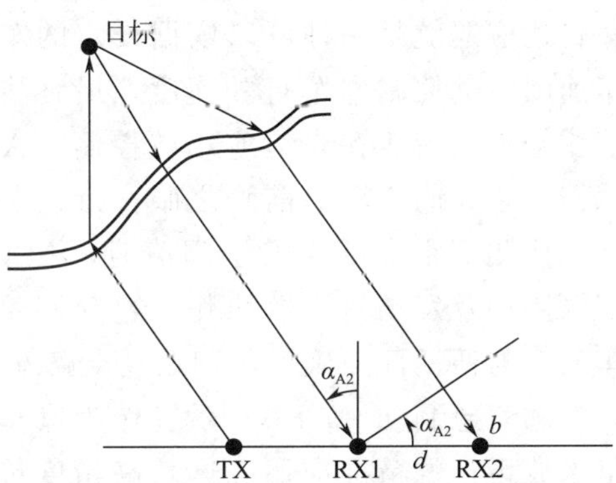

图 2-7　测角原理

2.4.3　性能参数

毫米波雷达的性能参数主要包括以下几方面。

① 最大探测距离：最大探测距离是指毫米波雷达能够检测目标的最大距离。不同的毫米波雷达，最大探测距离不同。目前最远探测距离可达 300m。

② 距离分辨率：距离分辨率表示沿同一方向分辨两个相邻目标的能力。

③ 距离测量精度：距离测量精度表示测量单目标的距离测量精度，取决于信噪比。

④ 最大探测速度：最大探测速度是指毫米波雷达能够探测目标的最大速度。

⑤ 速度分辨率：速度分辨率表示速度维度上区分两个在同一位置的相邻目标速度差异的能力。

⑥ 速度测量精度：速度测量精度表示测量单目标的速度测量精度，取决于信噪比。

⑦ 视场角：视场角分为水平视场角和垂直视场角，是指毫米波雷达能够探测的角度范围。

2.4.4 应用

自动驾驶采用的传感器主要有摄像头、毫米波雷达、激光雷达、红外探测器等。毫米波雷达传输距离远，在传输窗口内，信号的大气衰减和损耗低，穿透性强，可以满足车辆对全天气候适应性的要求，并且毫米波的自身特性决定了毫米波雷达传感器具有器件尺寸小、质量轻等特性，有效弥补了摄像头、激光雷达、红外等传感器在车载应用中不具备的使用场景。毫米波雷达在自动驾驶上主要应用于自适应巡航系统、自动紧急制动系统、前向防撞预警系统、盲区检测系统、变道辅助系统等。

自适应巡航是一种可以依据设定的车速或者距离跟随前方车辆行驶，或根据前车速度主动控制本车行驶速度，最终将车辆与前车保持在安全距离的驾驶辅助功能。毫米波雷达在自适应巡航控制（ACC）系统中至关重要，作为高精度实时传感器，它如同车辆的前瞻之眼，持续监测前方道路，捕捉并分析前方车辆的动态。当检测到距离低于安全阈值时，ACC 系统利用雷达数据，精准计算制动量，与车辆制动及发动机系统协作，自动调整车速与跟车距离。这一应用显著提升了行车安全与便捷性，确保车辆在复杂路况下行驶状态的精确控制。

自动紧急制动（AEB）系统作为汽车安全领域的一项革命性技术，其核心在于毫米波雷达的精准应用。这款高精度传感器如同车辆的智能哨兵，可实时扫描并精确测量车辆与前方障碍物或另一车辆之间的距离。随后，AEB 系统内置的先进数据分析模块会将这一关键数据与预设的警报距离和安全距离进行智能比对。当检测到距离接近警报阈值时，AEB 系统会立即发出清晰的警告信号，提醒驾驶员注意前方情况。而一旦距离缩小至安全界限以下，且驾驶员因故未能及时采取制动措施，毫米波雷达的敏锐洞察将触发 AEB 系统的紧急制动功能，自动对车辆实施减速或停车操作，有效避免或减轻碰撞事故的发生，从而极大地提升驾驶过程中的安全性和可靠性。

前方碰撞预警（FCW）系统，其核心功能源自毫米波雷达与前视摄像头的无缝协作，这两大感知元件如同车辆的双眼，持续且细致地监视着前方的道路环境。毫米波雷达凭借其卓越的穿透力和高精度测距能力，与前视摄像头共同分析车辆与前车之间的距离、相对位置及速度变化，精准捕捉任何潜在的碰撞风险。一旦毫米波雷达与摄像头联合检测到前方存在紧急威胁，而驾驶员尚未采取任何制动行动时，FCW 系统会立即启动其预警机制。仪表盘上的醒目报警信息伴随着急促的声音警报，共同向驾驶员发出紧急提醒，敦促其迅速做出反应，以规避可能出现的碰撞危险。若情况进一步恶化，系统判断碰撞几乎无法避免时，AEB 系统便会无缝衔接，自动接管刹车系统，利用毫米波雷达的精准测距优势，迅速且准确地实施制动，力求在最后一刻避免碰撞的发生，或至少减轻事故带来的损害。

因此，毫米波雷达在 FCW 与 AEB 系统中扮演着至关重要的角色，它不仅是风险探测的先锋，更是实现安全预警与自动干预的基石。得益于毫米波雷达的卓越性能，FCW 与 AEB 系统紧密配合，共同构建了一道坚实的行车安全防线，旨在最大限度地降低碰撞事故的发生率，保护每一位道路使用者的安全。

2.5 发展现状与展望

随着人工智能、计算机视觉、嵌入式系统和 5G 通信等技术的快速发展，传感器作为智能系统的“感官”，已成为推动无人驾驶技术进步的核心要素。当前，传感技术正朝着更高精度、更高可靠性、更低功耗和更强环境适应性的方向发展。在无人驾驶领域，多传感器融合逐步取代单一传感器方案，成为构建环境感知系统的主流趋势。

2.5.1 发展现状

目前应用于无人驾驶的核心传感器主要包括视觉传感器、毫米波雷达、激光雷达、超声波传感器，以及惯性导航单元（IMU）等。各类传感器在性能、成本、适应环境方面各有优势与短板，因此在实际部署中多采用融合方案。

视觉传感器凭借高清图像和语义信息成为识别交通标志、信号灯、行人等高语义目标的首选，特斯拉等厂商采用纯视觉主导方案即为例证。但其受天气、光照等因素影响较大，距离测量精度相对较低。毫米波雷达具备强穿透能力和全天候工作能力，特别适用于测距与测速，其成熟的硬件和低成本使其在 L2～L3 级自动驾驶中被广泛应用。激光雷达提供极高的空间分辨率与精度，是三维环境建图与目标检测的重要工具，但其高昂的成本和雨雾敏感性仍限制了其在 L4～L5 级量产车上的普及。超声波传感器多用于低速场景，如自动泊车、近距离障碍物检测等。从技术路径来看，Waymo、小鹏等公司主张“激光雷达＋视觉＋毫米波雷达”的三重融合方案，而特斯拉坚持“视觉优先”，代表了两种传感器技术路线的分歧与差异。

近年来，随着芯片算力的增强和深度学习算法的发展，传感器数据的处理能力有了质的飞跃。传感器正由“数据提供者”向“智能感知系统”转变，实现目标识别、行为预测、动态跟踪等更复杂的功能。此外，国产传感器厂商如速腾聚创、禾赛科技、华为、地平线等在激光雷达、视觉芯片等方面取得了显著突破，打破了海外垄断。

2.5.2 存在问题与挑战

尽管传感技术快速发展，但在大规模商业化应用中仍面临一些挑战。

环境适应性不足：传感器在雨、雾、雪等恶劣环境下性能下降，继而影响识别与定位的准确性。

冗余与协同不足：当前多传感器融合技术尚未完全成熟，不同传感器之间存在时延不同步、数据格式不一致等问题，影响融合效果。

功耗与成本问题：高性能传感器功耗大、价格高，难以满足大规模量产需求，特别是激光雷达的成本问题尤为突出。

安全性与鲁棒性：传感器本身易受干扰，如 GPS 信号丢失、摄像头被强光干扰、雷达虚警等，这些都会对系统稳定性构成威胁。

2.5.3 未来发展趋势

感知算法与芯片深度融合：随着芯片算力提升，未来传感器将集成更多智能处理单元，实现端侧智能化处理，降低数据传输负载。

固态激光雷达崛起：相较于传统机械式激光雷达，固态激光雷达无转动结构、寿命更长、成本更低，有望成为下一代主流方案。

异构传感器融合与协同感知：将视觉、雷达、激光等信息在空间与时间维度上融合，增强感知的鲁棒性和准确性，是实现 L4～L5 自动驾驶的关键。

传感器自诊断与自适应能力增强：未来传感器将具备健康监测、环境感知、动态调整等智能化特性，以提升系统的可靠性与安全性。

国产化替代进程加快：随着国内供应链发展逐步成熟，国产传感器将进一步提升性能与稳定性，推动自主智能驾驶技术生态构建。

无人驾驶技术的终极目标是实现 L5 级完全自动化驾驶，而传感器作为其感知系统的核心，正在不断接近“机器眼”“机器耳”“机器触觉”的理想状态。未来，传感器将不仅仅是信息采集工具，更是具备判断、分析与预测能力的智能节点。随着新材料、新结构、新算法的引入，传感器必将实现跨越式发展，为自动驾驶提供坚实的技术基座。

本章小结

传感器作为无人驾驶汽车的“环境感知神经”，是实现 L0～L5 级自动驾驶的核心支撑。根据国际分级标准，L0 为纯人工驾驶，L1～L2 提供辅助功能（如自适应巡航），L3～L5逐步实现有条件至完全自动驾驶。为实现高阶自动驾驶，需构建多传感器融合系统：视觉传感器通过单目/双目/三目摄像头（如特斯拉搭载8个摄像头）捕捉图像语义信息，利用CCD/CMOS成像原理识别交通标志、行人及车道线，但其测距精度受光照制约；激光雷达基于脉冲/相位测距法（精度达厘米级），通过多线束扫描构建高精度3D点云地图，成为环境建模与SLAM定位的关键，但雨雾环境性能受限且成本高昂；毫米波雷达凭借多普勒效应实现全天候测距测速，通过天线阵列解析方位角，在自适应巡航（ACC）、自动紧急制动（AEB）等系统中不可替代；超声波传感器则专注于近距离障碍物探测（如自动泊车）。当前技术路线呈现分化：特斯拉坚持纯视觉主导方案，Waymo等采用“激光雷达＋视觉＋毫米波”融合策略。发展趋势：聚焦固态激光雷达低成本化、异构传感器时空协同融合，以及国产传感器（如禾赛科技激光雷达）的突破。未来随着5G与边缘计算的赋能，传感器将从数据采集器升级为具备环境自适应能力的智能感知节点，推动L5级完全自动驾驶落地。

习题

思考题

1. 在当前主流无人驾驶车辆使用的多传感器融合方案中，视觉传感器与毫米波雷达各自承担了哪些任务？

2. 为什么激光雷达尽管精度高，却难以在L3以下级别的车型中广泛应用？

3. 请结合实际讨论传感器在雨雾天气下工作面临的挑战以及可能的解决思路。

4. 如何理解“传感器智能化”趋势？它对无人驾驶安全性有何影响？

5. 你认为未来纯视觉感知方案是否能完全替代激光雷达和毫米波雷达？为什么？

简答题

1. 简述无人驾驶汽车中常见的三种传感器（视觉传感器、毫米波雷达、激光雷达）的优缺点。

2. 请画出一个多传感器融合系统的结构框图，并说明各传感器的作用。

3. 目前自动驾驶感知系统存在哪些“感知盲区”？哪些传感器最适合解决这些问题？

4. 举例说明一个实际场景中多传感器融合的必要性，并说明融合后性能提升的体现。

5. 假设某车辆安装了三种传感器（摄像头、毫米波雷达、激光雷达），请说明如何利用它们共同实现对前方目标的探测与分类。

第3章 传感器与工业自动化

知识导图

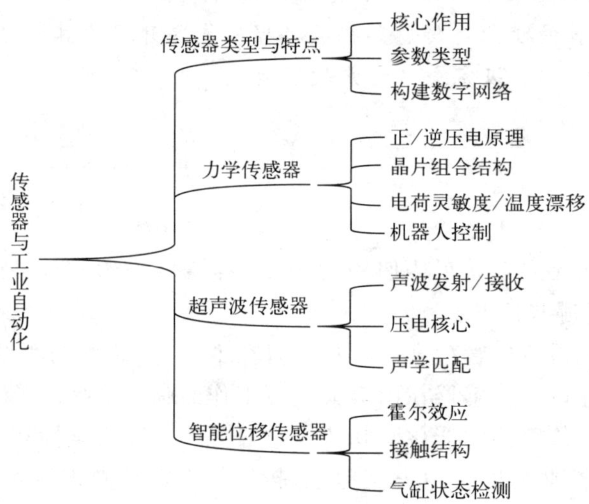

学习目标

1. 了解工业自动化中3类常用传感器及其应用场景；
2. 掌握压电效应（正/逆）的物理机制及动态测量特性；
3. 了解超声波测距公式和霍尔电势公式。

3.1 传感器在工业自动化中的类型和特点

当你站在饮料装瓶的自动化产线旁时，你会发现，无需人工介入，每一个空瓶都能够精准地停在注射喷头的下方，完成装填后转移到下一道工序，这是位置传感器和编码器在生产线上的精准配合。如图3-1所示为工业自动化流水线，在如今的工业制造场景里，自动化控制所需要的工业传感器无所不在，物流、上料、订单控制等自动化环节都离不开它们，工业传感器是机器进行数据采集的关键器件，与控制系统、软件一起成为支撑工业体系运转的新的“铁三角”。

图 3-1 工业自动化

目前，全球主要国家和地区都在强调工业 4.0 升级，工业 4.0 即信息化技术促进产业变革的时代（智能时代），其本质是打造数字化、定制化的产品和服务的生产模式。现阶段，挖掘数据价值进而实现智能化升级成为工厂自主革新的要点。工业传感器赋予工厂和外界“沟通交流”的能力——通过传感数据构建数字网络来优化生产设备。传感器在工厂制造环境中可以满足各种应用需求。包括机械生产设备预测性维护与自动化控制、资产追踪与供应链管理、即时监测与校准、振动检测防窜改预警、油电用量计算，以及流量计算、水位监测等。

传感器在现代工厂中起着各种各样的作用。除了为过程控制提供数据外，还广泛应用于质量评估、资产跟踪、工人安全保障等方面。传感器采集的数据经过联网应用后，就可以用于从供应管理到全球生产资源协调等各种用途。各种类型的传感器正在不断改进和优化，以满足以上使用目的，最常见的传感器类型有光照、温度、运动、位置、存在检测、视觉、力、流、化学成分传感器等。

在工业自动化中，传感器起着至关重要的作用，是实现产品智能化和超自动化的基础。传感器帮助人们检测、分析、测量和处理各种变化，例如在工业生产场所发生的位置、长度、高度等的变化。简而言之，工业自动化传感器是输入设备，可提供关于特定物理量（输入）的输出（信号）。传感器在预测和预防众多潜在问题的过程中也起着举足轻重的作用，从而满足了许多工业传感应用的需求。应用于工业生产的传感器类型，最常见的是压电传感器、温度传感器、位移传感器、光电传感器、流量传感器、焊缝跟踪传感器、扭矩传感器、磁性开关、接近开关、光纤传感器等。传感器越来越多地用于自动化生产线，更多地通过网络、物联网进行过程控制，实现数据交换和物流融合。

3.2 力学传感器

力学传感器又称力敏传感器（图 3-2），是工业自动化应用最广泛的一类传感器。它是指将被测力学量信号转换成电信号的传感器。通常的力学信号是指压力、压强、拉力、张力、重力、力矩等与机械应力以及形变相关的物理量。在工业自动化中，常用压电式、电阻式、电容式、电感式等力学传感器，新型的声表面波磁致伸缩型、电位式、光纤式等力学传感器，且很多种类都向集成化和智能化的方向发展。它们不仅可以测量力，而且可以测量负荷、加速度、扭矩、位移等其他物理量。力学量的测量对象和测量原理差距很大，因此所涉及的原理、特性、工艺和应用的类型较多，且涉及的范围较宽，本节根据工业自动化传感器的特点，仅对常见的压电式力传感器的原理及应用进行简要介绍。

图 3-2　力学传感器

压电式力传感器是一种自发电式传感器。它以某些电介质的压电效应为基础，在外力作用下，电介质表面会产生电荷，捕捉这些电荷信号，从而实现力学量信号的测量。压电式传感元件是力敏感元件，它可以测量最终能转换为力的非电物理量，如动态力、动态压力、振动加速度等，但不能用于静态参数的测量。压电式力传感器具有体积小、质量轻、频响高、信噪比大等特点。由于它没有运动部件，因此结构坚固、可靠性高、稳定性高。

3.2.1 结构

（1）压电元件的结构及组合

压电式力传感器是以压电元件为转换元件，输出电荷与作用力成正比的力-电转换装置。根据压电传感器的应用需要和设计要求，以某种切型从压电材料切得的晶片（压电元件），其极化面经过镀覆金属（银）层或加金属薄片后形成电极，这样就构成了可供选用的压电器件。压电元件的结构型式很多，如图 3-3 所示。按结构形状分，有圆形、长方形、环形、柱状和球壳状等。按元件数目分，有单晶片、双晶片和多晶片。按极性连接方式分，有串联［图 3-3（g）、（h）］或并联［图 3-3（f）、（i）］。为提高压电输出灵敏度，通常采用双晶片串、并联的组合方式。

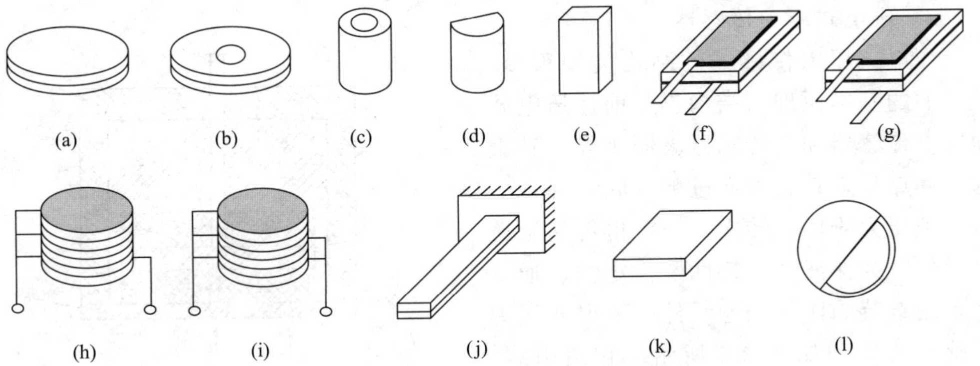

图 3-3　压电元件的结构与组合形式

（2）压电式力传感器的结构

压电式力传感器是利用压电元件直接实现力-电转换的传感器，在拉、压场合，通常较多采用双片或多片石英晶片作为压电元件。该类传感器具有刚度大、测量范围宽、线性及稳定性好、动态特性好的特点。采用大时间常数的电荷放大器，可测量准静态力。

1）压电式力（矩）传感器

压电式力传感器的种类很多，按测力状态分类，有单向、双向和三向传感器，它们在结构上基本一样，多为荷重垫圈式结构，由绝缘套、电极、上盖、压电晶片、基座、电极引出端子构成。图 3-4 为压电式单向力传感器的结构示意图。它用两块晶片作为传感元件，被测力通过传力上盖使石英晶片沿电轴方向受压力作用，基于纵向压电效应，石英晶片在电轴方向上出现电荷。两块晶片沿电轴方向叠加，其负电荷由片形电极输出，而压电晶片正电荷一侧则与底座连接，两片并联可提高其灵敏度。压力元件弹性形变部分的厚度较薄，其厚度由测力大小决定。这种结构的单向传感器体积小，质量轻（为 10g 左右），固有频率高（为 50～60kHz），可检测高达 5000N 的动态力，分辨率为 0.001N。压电式力传感器在工业自动化中的典型应用有：测机床动态切削力，测轴承支座反力或测表面粗糙度。

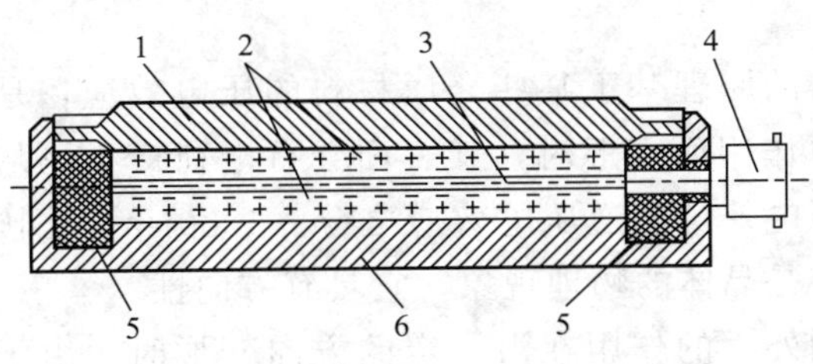

图 3-4　压电式单向力传感器结构图

1—上盖；2—晶片；3—中心电极；4—引出端子；5—绝缘套；6—底座

2）压电式压力传感器

压电式压力传感器的结构类型很多，但它们的基本原理与结构仍与前述压电式加速度传感器和力传感器大同小异。较大的不同点是，它必须通过弹性膜、弹性盒等，把压力收集、转换成力，再传递给压电元件。为保证静态特性及稳定性，通常多采用石英晶体作压电元件。压电式压力传感器的原理如图 3-5 所示，它由引线、壳体、基座、压电晶片、受压膜片及导电片组成。当膜片受到压力 P 作用后，在压电晶片上会产生电荷。在一个压电片上所产生的电荷 q 为：

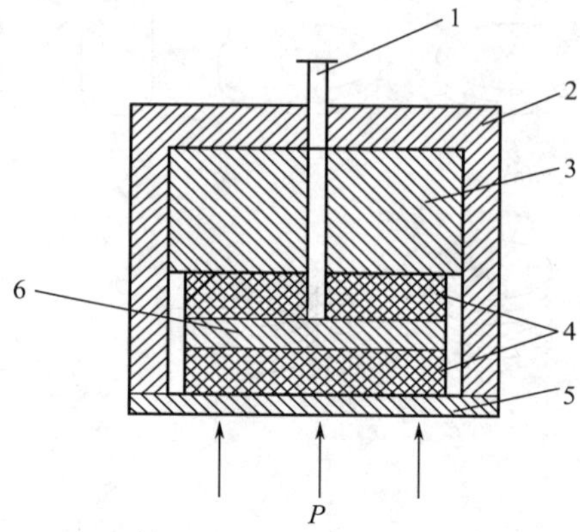

图 3-5 压电式压力传感器

1—引线；2—壳体；3—基座；4—压电晶片；5—受压膜片；6—导电片

$$q = d_{11}F = d_{11}SP \tag{3-1}$$

式中，F 为作用于压电片上的力；d_{11} 为压电系数；P 为压强；S 为膜片的有效面积。当压电式压力传感器的输入量为压力 P 时，如果传感器只由一片压电晶片组成，则灵敏度的定义为：

电荷灵敏度：

$$k_q = d_{11}S \tag{3-2}$$

电压灵敏度：

$$k_u = \frac{d_{11}S}{C_0} \tag{3-3}$$

式中，C_0 为压电片等效电容。

压电式压力传感器的动态测量范围很宽，频响特性好，能测量准静态的压力和高频变化的动态压力。除此之外，它还具有结构坚实、强度高、体积小、质量轻、耐高温、使用寿命长等优点。因此广泛应用于内燃机的气缸、油管、进排气管的压力测量。

3.2.2 原理

压电式力传感器的原理基于某些介质材料的压电效应，是典型的双向有源传感器。当材料受外力作用而变形时，其表面会有电荷产生，从而实现非电量的测量。压电效应有正压电效应和逆压电效应之分。1880 年，法国居里兄弟发现了这两种效应。压电效应是晶体的物理现象，它具有方向性。

某些电介质受到外力的作用在沿一定的方向变形时，由于内部电荷的极化现象，它的两个相对表面同时会出现正负相反的电荷 Q（如图 3-6 所示）；当外力去掉后，又重新恢复不带电的状态。当作用力的方向改变时，电荷的极性也随之改变，这种现象称作正压电效应，或简称压电效应。电荷 Q 的电位移 $\boldsymbol{D}$（在 MKS 单

位制中即电荷密度 σ）与外应力张量 $\boldsymbol{T}$ 成正比：

$$\boldsymbol{D}=\boldsymbol{dT} \tag{3-4}$$

式中，$\boldsymbol{d}$ 是压电常数矩阵。

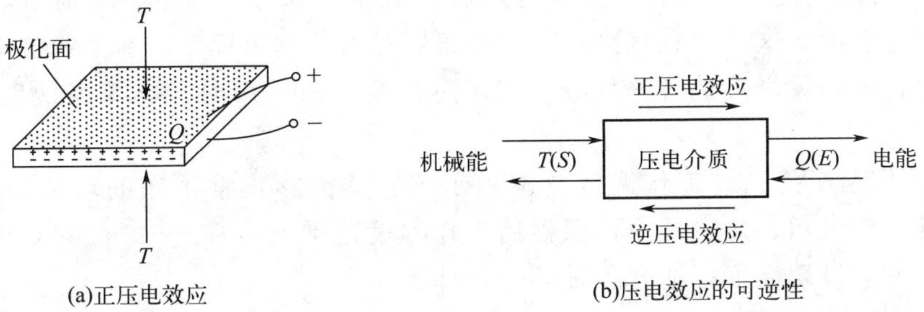

图 3-6　压电效应

压电效应是可逆的，图 3-7 展示模拟压电效应。在压电元件上沿着电轴的方向施加电场时，压电元件将产生机械形变或机械应力；当外加电场撤去时，这些形变或应力也随之消失。如果外加电场的大小、方向发生变化，压电元件的机械形变的大小、方向也随之相应变化，且其应变 S 与外电场强度 E 成正比：

$$\boldsymbol{S}=\boldsymbol{d}_{\mathrm{t}}\boldsymbol{E} \tag{3-5}$$

式中，$\boldsymbol{d}_{\mathrm{t}}$ 是逆压电常数矩阵（下标 t 表示 $\boldsymbol{d}_{\mathrm{t}}$ 是 $\boldsymbol{d}$ 的转置矩阵）。这种现象称作逆压电效应，也称电致伸缩效应。

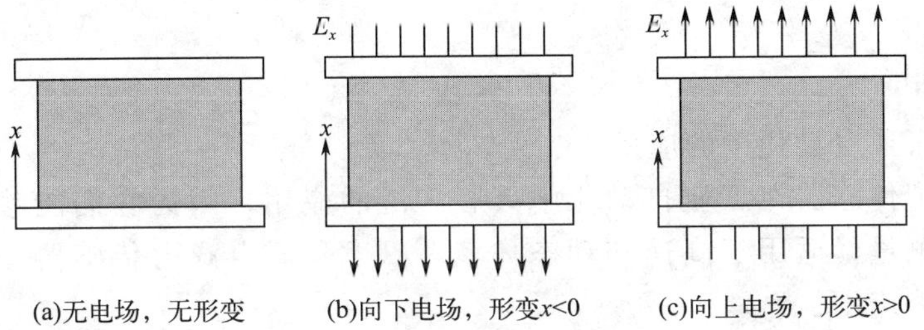

图 3-7　电致伸缩效应

利用正压电效应制成的压电传感器，可将力、压力、振动、加速度等非电量转换为电量，从而进行精密测量。正压电效应还可应用于麦克风、电唱头等电声器件，把机械振动（声波）转换为电信号。利用逆压电效应可制成超声波发生器、声发射传感器、压电扬声器、频率高度稳定的晶体振荡器等。利用正、逆压电效应可制成压电超声波探头、压电表面波传感器、压电陀螺等。

由于外力作用在压电元件上产生的电荷只有在无泄漏的情况下才能保存，即需要测量回路具有无限大的输入阻抗，这在实际中是不可能的，因此压电式传感器不能用于静态测量。压电元件在交变力的作用下，电荷可以不断补充，可以供给测量回路一定的电流，故压电式传感器只适用于动态测量，一般必须高于100Hz，但频率在50kHz以上时，灵敏度下降。

3.2.3 性能参数

① 电荷灵敏度　电荷灵敏度是传感器在施加单位力时产生的电荷量，单位通常以pC/N表示。这一参数直接决定了传感器对力的响应程度。在工业自动化的一般应用时，电荷灵敏度为1～100pC/N，而在高灵敏应用时，电荷灵敏度为10～1000pC/N。

② 工作温度范围　工作温度范围表示传感器能够正常工作的环境温度范围，单位通常以℃表示。压电式力传感器的工作温度范围通常在－50～200℃内，部分传感器可耐受极端温度，适合各种环境条件。

③ 温度灵敏度漂移　温度灵敏度漂移表示传感器灵敏度随温度变化而变化的程度，单位通常以%/℃表示。压电式力传感器的温度灵敏度漂移范围为±(0.01%～0.05%)/℃，温度漂移越小，传感器的性能在不同温度下越稳定。

④ 横向灵敏度　横向灵敏度是指传感器对垂直于测量方向的力的响应，通常以主测量方向灵敏度的百分比表示。压电式力传感器的横向灵敏度≤5%，通常在1%～2%之间，较低的横向灵敏度减少了非测量方向力的影响，提高了测量方向的准确性。

⑤ 抗振性　抗振性指传感器在振动环境中保持测量准确性的能力，通常通过振动频率和加速度范围来描述。通常可承受10～100g或更高的振动加速度。抗振性好的传感器能够在振动环境中提供稳定的测量输出，适用于工业中有振动干扰的场景。

3.2.4 应用

(1) 在工业自动化中的应用

压电式力传感器在工业自动化中具有广泛的应用，因为它们能够提供高精度和实时的力测量，适用于高速和动态环境。以下是压电式力传感器在工业自动化中的一些具体应用。

① 机器人控制与力反馈　在工业自动化中，机器人用于精密操作（如抓取、装配、焊接、打磨等）时，需要实时监测多个方向上的力变化。三分量力传感器安装在机器人手臂的末端执行器上，用于检测 X、Y、Z 方向的力变化。这些实时数据被反馈到控制系统中，使机器人能够自动调整其动作，确保作业的精确度和安全性。例如，在焊接作业中，传感器可以帮助机器人控制焊接头的压力，避免力过大或过小而导致焊接缺陷。

② 冲压与成形力监控　在冲压机的冲头上安装单向力传感器，用于实时监控冲压力的变化，确保每次冲压过程的稳定性和一致性。传感器可以检测到因模具磨损或材料厚度变化而引起的力的变化，从而优化冲压参数，减少工具损耗和降低次品率。

③ 自动化生产线上的配料控制　在自动化生产线上的配料系统中，动态称重传感器可用于实时监测输送带上物料的质量。通过实时的质量数据反馈，控制系统可以精确调整配料阀的开闭状态，确保每个生产步骤中的原材料用量都在标准范围内，提高生产效率和产品一致性。例如，在食品工业的包装环节，动态称重传感器可以精确控制每袋产品的质量，避免出现超重或不足的情况。

④ 液压和气动系统监控　在工业自动化中，液压和气动系统广泛用于驱动机械部件和控制流程中。在这些系统中，压电式压力传感器用于实时监测液压油或压缩空气的压力变化。通过检测压力的变化，系统能够自动调节阀门开度、泵的速度或其他控制元件的参数，确保整个系统在最佳压力范围内运行。例如，在注塑成型机中，压电式压力传感器可监控模腔内的压力，确保每个产品的质量一致。

压电式力传感器在工业自动化中应用广泛，它们具有高灵敏度和快速响应，适用于各种复杂的力测量场景。无论是机器人控制、生产过程监控、质量检测还是设备故障诊断，这些传感器都能够提高工业自动化系统的精度、效率和可靠性。

(2) 压电式力传感器的应用实例

奇石乐（KISTLER）公司在压力、力、扭矩和加速度等动态测量技术领域领先全球，聚焦于传感器在汽车研发、工业自动化以及极端环境中的应用。该公司的压电式力传感器可同时测量多个正交力分量，并能在条件恶劣的情况下精确跟踪准静态和高动态的力过程。具体产品及性能参数如表 3-1 所示。

表 3-1　压电式力传感器产品及性能参数

性能参数		单分量力传感器	两分量微型力传感器	新型压电六分量力传感器
实物图				
型号		9321C	9345B	9306A
测量范围	F_z/kN	-14~14	-10~10	-5~10
	F_x/kN	#	#	-5~5
	F_y/kN	#	#	-5~5
	M_z/Nm	#	-25~25	±200
	M_x/Nm	#	#	±200
	M_y/Nm	#	#	±200

续表

性能参数		单分量力传感器	两分量微型力传感器	新型压电六分量力传感器
灵敏度	F_z/（pC/N）	约-3.7	约-3.7	约-7.3
	F_x/（pC/N）	#	#	约-3.6
	F_y/（pC/N）	#	#	约-3.6
	M_z/（pC/Nm）	#	约-190	约-205
	M_x/（pC/Nm）	#	#	约-265
	M_y/（pC/Nm）	#	#	约-265
固有频率	（kHz）	约 41.2	>41	>18
刚度	kN/μm	约 0.724	约 1.7	#
工作温度范围	℃	-40~120	-40~120	-40~80
质量	g	90	267	1.5

1）单分量力传感器

单分量力传感器（图 3-8）利用压电晶体和石英的优异特性，兼具极高的刚度、高的固有频率、高的载荷能力，可在力流方向上直接测量力，并能在无形变条件下测力。

2）多分量力传感器

具有多个测量方向的压电式传感器需将多个高灵敏测量元件紧凑地组装在高等级钢制壳体中。多分量力传感器通常 4 个一组安装成为测力计或测力台，如图 3-9 所示。测力台包含了 4 组三分量力传感器，传感器通过大预紧力安装在上下力板之间。测力台在使用前已经完成预紧并且进行了三分力的标定（F_x，F_y，F_z），因此可以非常便捷地集成至实际应用中来进行直接测力。可通过将独立的接头连接在一起的方式将压电式传感器的单个信号合并。测力计分三分量测力和六分量力/力矩测量两种。多分量力传感器的优点有：多分量测量、极高的刚度、高固有频率、高承载能力、设计紧凑。

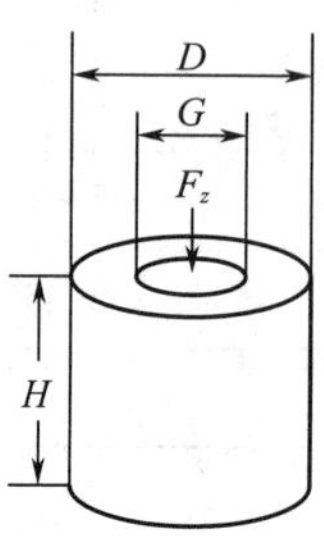

图 3-8　单分量力传感器

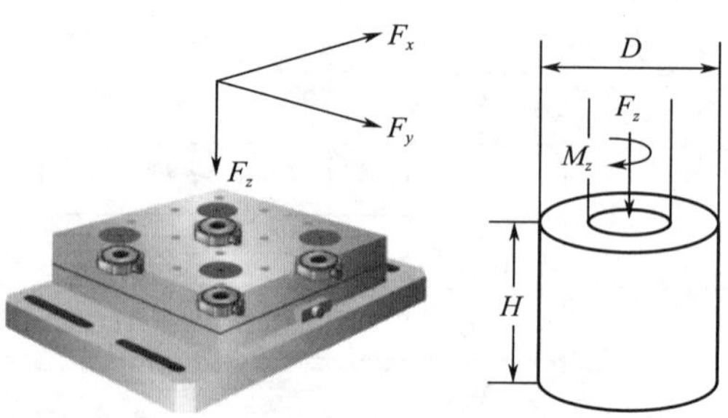

图 3-9　多分量传感器组装的测力台

3）新型压电六分量力传感器

奇石乐是全球第一个在其产品组合中配备压电六分量力/扭矩传感器（图 3-10）的传感器设计厂家，该传感器专为大量程及高动态测力而设计优化。它能精确、直接、无需额外计算地测量三个力和三个力矩。也可以独立设置测力范围和扭矩范围。基于压电测量的原理，此类传感器可以准确地测量在高静载下的微小力和微小力矩。9306A 型压电六分量力传感器可用于如下应用，例如：零部件弹簧阻尼测试、汽车研发中传递路径分析、关节机器人力控制测量、微振动测量、反作用轮性能检测及颤振测试。

图 3-10　新型压电六分量力传感器

3.3　超声波传感器

超声波传感器（图 3-11）是一种利用超声波来检测物体位置、距离或速度的传感设备。其工作原理是发射高频声波（通常超过 20kHz），然后接收反射回来的声波。根据声波传播的时间差或频率变化，可以计算出目标物体的距离、位置或移动速度。

超声波传感器的功能相当多样，常用来进行距离测量。超声波传感器可以精确地测量目标物体与传感器之间的距离，广泛应用于自动化控制、测距仪和物体位置测量等领域。此外，超声波传感器也可用于物体检测，传感器能够检测前方是否有物体，并根据需要触发相应的动作，常用于机器人避障、自动门和安防系统中。另外，超声波传感器也可用于速度测量。通过多普勒效应，超声波传感器能够测量物体的移动速度，因此可应用于交通监控、运动检测等场景。超声波传感器也可用于液位测量，检测液体的液位，广泛应用于水库、水箱和化学罐体的液位监控。

图 3-11　超声波传感器

超声波传感器的应用相当广泛，在工业自动化领域，可在生产线上用于检测产品的位置和距离，以确保生产过程的精度和安全。在汽车辅助驾驶应用中，可用于汽车倒车雷达、盲点检测和自动泊车系统，帮助驾驶员避开障碍物。

3.3.1 结构

工业超声波传感器采用多层功能化封装设计，核心目标是实现高可靠性、环境适应性及精准声能转换。其结构由内至外分为五层。

（1）压电振动核心层

① 压电晶片　采用锆钛酸铅（PZT-5A 或 PZT-8）陶瓷圆片，直径通常为 10～30mm。通过高温极化工艺使晶体内部分子电畴定向排列，形成厚度振动模式。晶片正反两面真空溅射镀金电极，厚度约 0.5μm，确保在压电晶片在 400V 高压脉冲下不产生电弧击穿。

② 背衬阻尼层　紧贴晶片背面，由钨粉与环氧树脂按 70∶30 的比例混合固化而成。此层密度高达 11g/cm^3，声阻抗匹配至 15MRayl（1MRayl＝1Pa·s/m），功能是吸收向后传播的声波能量，将振动脉冲宽度压缩至 5μs 以内（普通消费级传感器约 50μs），可显著提升距离分辨率。

（2）声学匹配层

该层为梯度阻抗结构，由三层复合材料堆叠构成。

① 内匹配层　60％氧化铝粉末与环氧树脂复合（声阻抗 12MRayl），直接接触压电晶片。

② 中过渡层　30％硅微珠填充硅橡胶（声阻抗为 6MRayl）。

③ 外透射层　微孔聚四氟乙烯膜（声阻抗 0.8MRayl），表面做疏水处理。此设计可使声阻抗从压电陶瓷的 33MRayl 渐变至空气的 0.0004MRayl，能量透射率从 35％提升至 92％。

（3）防护封装体系

① 声窗结构　采用耐高温工程塑料聚醚醚酮（PEEK）制成弧形声窗，厚度精确至 0.2mm（对应 40kHz 声波的 λ/4 波长），表面采用激光打标出声束指向标识。弧形设计可聚焦声波，将波束角从 30°收窄至 15°。

② 金属外壳　316L 不锈钢锻造壳体，内部填充硅凝胶缓冲振动，接口处采用金属玻璃密封端子（熔点＞450℃）。

③ 电缆接口　M12×1 航空插头，内嵌 EMI 磁环抑制射频干扰，线材采用双屏蔽双绞线（外层铜网＋铝箔），可承受 1000V/m 场强干扰。

（4）特殊工业变体结构

① 导波杆传感器　在声窗前焊接 316 不锈钢杆（直径 8mm，长度 0.5～5m），杆体刻有周期性凹槽形成声波导。当储罐内存在蒸汽层时，声波沿金属杆传播穿透干扰介质，液位测量误差＜0.1％。

② 高温密封工艺　在真空手套箱中完成组装，在激光焊接封盖前充入氩气保护气体。焊缝熔深＞1.5mm，确保－40～180℃的热循环下内部不产生冷凝。

3.3.2 原理

超声波传感器通常由发射器、接收器和声呐电路组成。发射器部分含有一个压电换能器或磁致伸缩换能器，它能够将电能转换为机械能，即超声波。接收器同样包含一个压电换能器，它能够将接收到的声波能量转换回电能。

（1）机电能量转换机制

① 发射阶段（电→声） 控制器生成 200V 高压脉冲施加于压电晶片电极，晶片因逆压电效应产生厚度方向形变。形变量由压电常数 d_{33} 决定：

$$\Delta t = d_{33} \cdot t \cdot \frac{V}{t} = d_{33} V \tag{3-6}$$

式中，$d_{33} \approx 400 \times 10^{-12}$ m/V（PZT-5A）；t 为晶片厚度。10mm 厚晶片在 200V 电压驱动下产生 0.8μm 瞬时位移，激发 40kHz 超声波。

② 接收阶段（声→电） 反射声波压迫晶片表面，通过正压电效应产生开路电压：

$$V_{\mathrm{oc}} = g_{33} \frac{F}{A} t = g_{33} p t \tag{3-7}$$

式中，$g_{33} = 24 \times 10^{-3}$ V·m/N，为电压常数；A 为晶片面积。10mm 直径 t 的晶片在 1Pa 声压下输出 240μV 信号，需经 100dB 增益放大器处理。

（2）工业声场传播模型

① 近场效应控制 晶片直径 D 与频率 f 决定近场区长度：

$$N = \frac{D^2 f}{4c} \tag{3-8}$$

典型工业传感器（D=20mm，f=40kHz）在空气中的 $N \approx 33$mm。此区域内声压剧烈振荡，工业设计需将最小检测距离设定为 1.5N（约 50mm），以避开干扰。

② 介质衰减补偿 声波在油雾环境中衰减系数达 3dB/cm，需在算法中实时修正：

$$d_{\text{true}} = d_{\text{meas}} \times \mathrm{e}^{\alpha x}$$
$$\alpha = \frac{0.01 f^{1.8}}{\rho c^3} \tag{3-9}$$

式中，α 为频率相关衰减因子；在线黏度计提供 ρ 值。

（3）抗干扰测距技术

① 编码脉冲发射 将传统方波替换为 13 位 Barker 码（+1+1+1+1+1−1−1+1+1−1+1−1+1），接收端通过相关运算识别真回波，在机械噪声环境中可提升 15dB 信噪比。

② 多路径抑制 采用时间门限控制技术，仅接收发射后 2～20ms 时间窗信号，屏蔽固定障碍物反射干扰。

总的来说，可以把超声波工作过程分为四个阶段。

发射阶段：当超声波传感器启动时，发射器产生高频声波。这些声波以一定的角度向外发射，并在介质（如空气或液体）中以特定速度直线传播。

传播阶段：超声波在介质中传播时，会遇到各种物体。当超声波遇到障碍物时，会发生反射现象，部分声波能量会返回传感器。

接收阶段：接收器部分负责捕获这些反射回来的声波。当反射波到达接收器时，压电换能器将其转换为电能。

处理阶段：转换后的电信号经过放大电路进行放大处理，并由声呐电路进一步处理。超声波传感器内部的微处理器或数字信号处理器（DSP）会计算超声波往返传播的时间。通过已知的声速（在空气中约为340m/s），可以计算出物体与传感器之间的距离。这个距离通过公式 $d=vt/2$ 计算得出的。式中，d 是距离；v 是声速；t 是声波传播的总时间。

3.3.3 性能参数

工业超声波传感器的性能需通过六大核心参数量化评估，这些参数共同决定了其在复杂工况下的可靠性、精度与寿命。

（1）工作频率（operating frequency）

定义：压电晶片厚度振动基频，由晶片厚度 t 与材料频率常数 N 决定：

$$f_0=\frac{N}{t} \tag{3-10}$$

（2）探测距离（detection range）

理论极限公式：

$$d_{\max}=\frac{1}{2\alpha}\ln\left[\frac{P_t G^2\lambda^2\sigma}{P_r(4\pi)^3}\right] \tag{3-11}$$

式中，P_t 是发射功率；P_r 是接收灵敏度；α 是介质衰减系数；σ 是目标反射率。

（3）分辨率（resolution）

轴向分辨率取决于脉冲宽度 τ（由背衬阻尼层决定）：

$$\delta d=\frac{c\tau}{2} \tag{3-12}$$

横向分辨率由波束角 θ 与距离 d 共同决定：

$$\delta w=2d\tan\left(\frac{\theta}{2}\right) \tag{3-13}$$

（4）重复精度（repeatability）

重复精度指的是相同目标多次测量标准差，工业级要求小于等于0.1%FS（满量程）。误差源主要来自声速温漂、晶片热膨胀、电路时基抖动，其中声速温漂可以用PT1000进行实时声速修正，晶片热膨胀可以用零温度系数背衬材料补偿，电路时基抖动可以用恒温晶振（TCXO）或GPS驯服时钟进行补偿。

（5）波束角（beam angle）

波束角指的是在声压下降至−3dB，也就是能量为初始值50%时的扩散角。在工业场景中，窄波束指扩散角小于10°（$\theta<10°$），该波束主要适用于管道内壁检

测，避免侧壁反射干扰；宽波束指扩散角大于30°（$\theta>30°$），适用于散料堆体积检测，覆盖范围大但易受多路径干扰。波束角计算公式如下：

$$\theta = 2\sin^{-1}\left(0.61\frac{\lambda}{D}\right) \tag{3-14}$$

式中，D 指的是晶片直径。

（6）响应时间（response time）

响应时间的构成要素用下式来表示：

$$T_{\text{resp}} = T_{\text{发射}} + \frac{2d}{c} + T_{\text{处理}} \tag{3-15}$$

目前响应时间的典型值为50ms，而在高速应用下需要压缩至10ms以下。目前在工业上常用的加速方案是使用FPGA硬件实现回波识别算法（替代MCU软件处理）并利用多通道交替发射规避余振等待时间。

3.4 智能位移传感器

位移是指物体的某个表面或某点相对于参考表面或参考点位置的变化，如图3-12是一个简单的位移传感器示意图。位移有线位移和角位移两种。线位移是指物体沿着某一条直线移动的距离；角位移是指物体绕着某一定点旋转的角度。位移传感器又称为线性传感器，是一种属于金属感应的线性器件，它可以把物体的运动位移转换成可测量的电学量，广泛应用于机床加工、汽车制造和航空航天等领域。在生产过程中，位移的测量一般分为测量实物尺寸和机械位移两种。位移传感器可分为模拟式和数字式两种。模拟式又可分为物性型和结构型两种。常用位移传感器以模拟式结构型居多，包括电位器式位移传感器、电感式位移传感器、

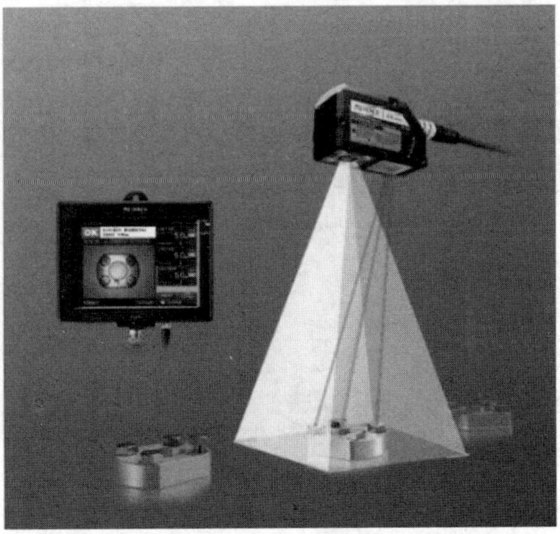

图3-12 位移传感器

自整角机、电容式位移传感器、电涡流式位移传感器、霍尔式位移传感器等。数字式位移传感器的一个重要优点是便于将信号直接送入计算机系统。这种传感器发展迅速，应用日益广泛。

本节主要介绍霍尔位移传感器的结构、原理、性能参数及应用。在磁场作用下，金属或通电半导体中将产生霍尔效应，其输出电压与磁场强度成正比。基于霍尔效应的霍尔式传感器结构简单、体积小、频率响应宽、动态范围大、使用寿命长、可靠性高，因此在工业、汽车、计算机等领域中得到广泛的应用。

3.4.1 结构

霍尔传感器通常由霍尔元件、磁场源和信号处理电路三部分组成。霍尔元件是传感器的核心部件，用于检测磁场的变化并产生电信号。磁场源可以是永磁体、线圈等，用于产生磁场以激发霍尔元件。信号处理电路对霍尔元件输出的电信号进行放大、滤波、修正等处理，以得到最终的位移数据。霍尔位移传感器可根据要求设计为接触式和非接触式。

（1）接触式霍尔位移传感器

图 3-13 为接触式霍尔位移传感器的结构简图。将上、下磁钢的异性极相对放置，测头与上磁钢连接在一起，空气隙可以改变。下磁钢与霍尔元件和底座胶接在一起后安装在被测件上。当测头和上磁钢相对霍尔元件发生位移时，霍尔电势发生变化。以达到位移测量的目的。建立霍尔效应所需的时间极短，因此控制电流使用交流时，频率可高达几千兆赫。

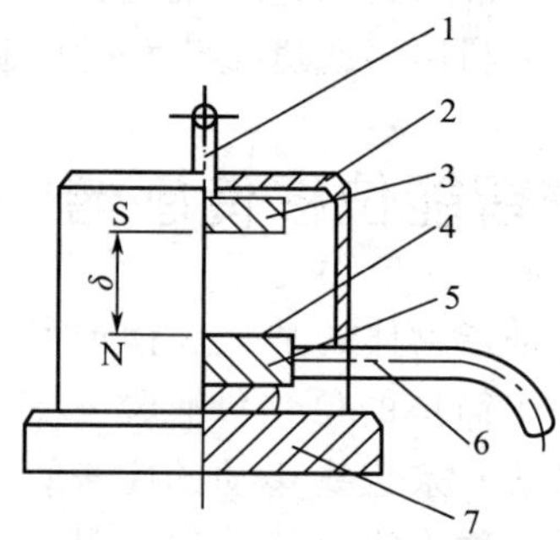

图 3-13　接触式霍尔位移传感器的结构简图

1—测头；2—外壳；3—上磁钢；4—霍尔元件；5—下磁钢；6—电缆；7—底座

（2）非接触式霍尔位移传感器

霍尔位移传感器除了可测微小位移外，还可以用霍尔元件制作大位移测量传感器，其原理结构如图 3-14 所示。在非磁性材料制作的安装板 2 上，等间距安装小磁钢 1，每个小磁钢的磁极方向如图所示。霍尔元件 3 通过过渡块 4、连杆 5 与被测物体相连。当被

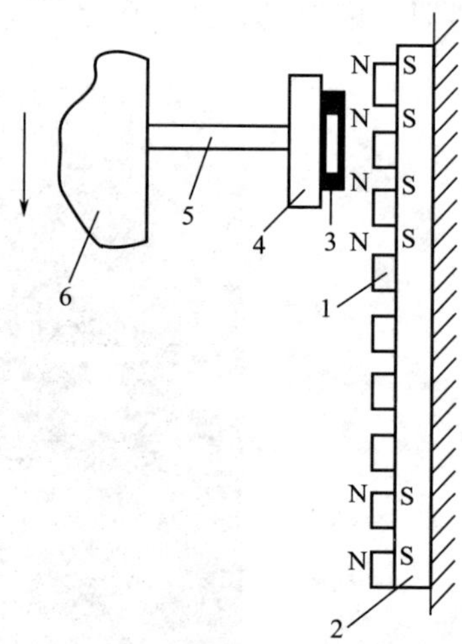

图 3-14　大位移霍尔位移传感器原理图

1—小磁钢；2—安装板；3—霍尔元件；4—过渡块；5—连杆；6—被测物体

测物体 6 沿箭头所示方向运动时，霍尔元件依次通过每个小磁钢。每经过一个小磁钢，霍尔元件就输出一个电压脉冲信号。利用计数器记录脉冲数即可换算成被测物体的位移。

分辨率为每个小磁钢的间距。测量精度直接与每个小磁钢之间的间距划分精度有关。安装板 2 和过渡块 4 都需用非磁性材料制作。当把霍尔元件 3 与小磁钢 1 的位置对换，即多个霍尔元件等间距安装在安装板 2 上时，小磁钢与被测物体相连，同样可以实现位移测量。如果将多个小磁钢（或霍尔元件）等间距安装在非磁性材料制作的圆盘周围，再将圆盘与旋转轴相连，然后与霍尔元件（或小磁钢）相配合，也可测量旋转轴的转速或角位移。

霍尔位移传感器具有结构简单、紧凑，体积小、质量轻，响应速度快等特点。由于它能实现非接触测量（无磨损），因此使用寿命长。

3.4.2 原理

霍尔传感器是基于霍尔效应工作的。当电流垂直于外磁场方向通过导体或半导体薄片时，在薄片垂直于电流和磁场方向的两侧表面之间会产生电势差，该现象称为霍尔效应。所产生的电势差称为霍尔电动势，如图 3-15 所示，它是由于运动载流子受到磁场作用力即洛伦兹力 F_L，在薄片两侧分别形成电子和正电荷的积累而引起的。

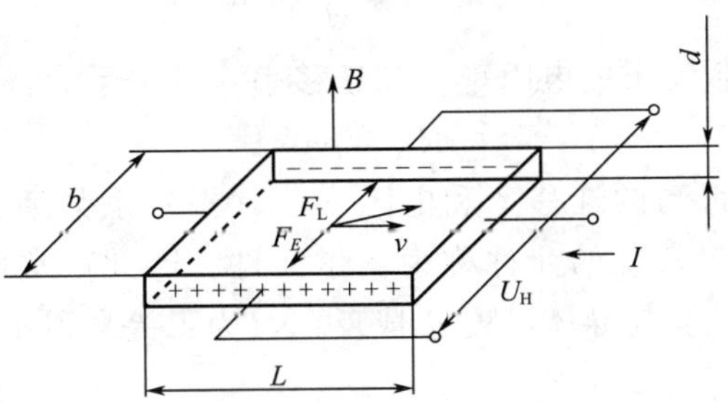

图 3-15 霍尔效应原理图

洛伦兹力的大小为：

$$F_L = evB \tag{3-16}$$

式中，e 为电子电荷量，$e = 1.602\times10^{-19}$C；v 为电子平均运动速度；B 为磁感应强度。而：

$$v = -\frac{I}{nebd} \tag{3-17}$$

式中，I 为加在薄片左右两端的电流（称为控制电流）；n 为电子浓度，即单位体积中的电子数；负号表示电子运动速度的方向与电流方向相反；b 、d 分别为薄片的宽度和厚度。

由于电子在半导体的后端面上有所积累而带负电，前端面则因缺少电子而带正电，这样在前后端面间形成电场。该电场产生的电场力 $F_E = -eE_H = -eU_H/h$

会阻止电子继续偏转，式中U_H为霍尔电动势。当$F_L = F_E$时，电子积累达到动态平衡，即：

$$U_H = \frac{IB}{ned} = R_H \frac{IB}{d} \tag{3-18}$$

式中，R_H为霍尔系数，由载流材料的物理性质所决定；$R_H = \pm\gamma/ne$，其正负号由载流子导电类型决定，电子导电为负值，空穴导电为正值；γ是与温度、能带结构等有关的因子。若运动载流子的速度分布为费米分布，则$\gamma = 1$；若为玻尔兹曼分布，则$\gamma = 3\pi/8$。R_H单位为$m^3 \cdot C^{-1}$。

将式（3-18）写成：

$$U_H = K_H IB \tag{3-19}$$

于是有：

$$K_H = \frac{R_H}{d} \tag{3-20}$$

式中，K_H为霍尔元件的乘积灵敏度，它与载流材料的物理性质和几何尺寸有关，表示在单位激励电流和单位磁感应强度下产生的霍尔电动势的大小。

如果磁场与薄片的法线之间有α角，那么：

$$U_H = R_H \frac{IB}{d}\cos\alpha \tag{3-21}$$

霍尔系数R_H与载流子的电阻率ρ和迁移率μ的关系为：

$$R_H = \rho\mu \tag{3-22}$$

半导体材料具有很高的迁移率和电阻率，其霍尔系数远大于金属，具有显著的霍尔效应。具有霍尔效应的元件称为霍尔元件。因此，常用半导体材料制作霍尔元件。霍尔电动势U_H与导体厚度d成反比，为了提高霍尔电动势，故将霍尔元件制作成薄片。

3.4.3 性能参数

① 乘积灵敏度K_H　单位磁感强度和单位控制电流下所得到的开路（$R_L = \infty$）霍尔电势。

② 额定控制电流I_{cm}　空气中的霍尔元件产生允许温升$\Delta T = 10℃$时的控制电流。

$$I_{cm} = \omega\sqrt{\frac{2\alpha_s d\Delta T}{\rho}} \tag{3-23}$$

式中，α_s为元件的散热系数；ρ为元件工作区的电阻率；I_{cm}一般为几毫安到几百毫安，与元件所用材料及其尺寸有关。

③ 霍尔电势温度系数α　在一定的磁感应强度和控制电流下，温度每变化1℃时的霍尔电势的相对变化率。α有正负之分，α为负表示元件随温度升高而下降；α越小越好。砷化镓霍尔元件的霍尔电势温度系数为10^{-5}/℃数量级，锗、硅元件为10^{-4}/℃数量级。

④ 工作温度范围　当元件温度过高或过低时，电子浓度 n 将随之大幅度变大或变小，导致元件不能正常工作。锑化铟的正常工作温度范围是 0～40℃，锗为 −40～75℃，硅为 −60～150℃，砷化镓为 −60～200℃。

⑤ 温度误差　该性能参数应小于 0.1%/℃。温度是使霍尔元件产生误差最主要的误差来源。这是因为霍尔元件的电阻率、载流子浓度都随温度变化而变化。设 U_{Ht} 、U_{Ht0} 分别表示 t℃和 0℃时的霍尔电势，则各种材料的霍尔电势随温度变化的曲线如图 3-16 所示。由图可知，Si 材料受温度的影响最小。

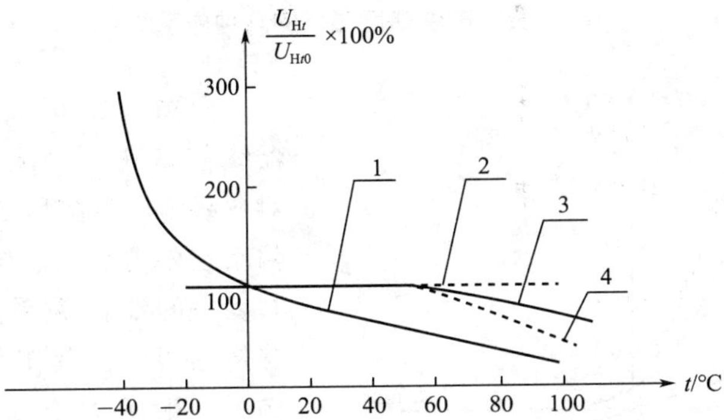

图 3-16　霍尔电势随温度变化关系曲线

1—InSb（锑化铟）；2—Si（硅）；3—InAs（砷化铟）；4—Ge（锗，Hz—1，2，3 型）

⑥ 磁非线性度 NL　由 $U_H=K_H IB$ 可知，在一定控制电流下，U_H 与 B 成线性关系式仅在理想条件下成立，加之结构设计和工艺制备方面的原因，实际上两者的线性关系有一定程度的偏离。磁非线性度定义为：

$$NL=\frac{U_H(B)-U'_H(B)}{U_H(B)}\times100\% \tag{3-24}$$

式中，$U_H(B)$ 和 $U'_H(B)$ 分别为在一定磁场 B 作用下，霍尔电动势的测量值和按公式 $U_H=K_H IB$ 计算的计算值。一般 NL 为 10^{-3} 数量级；NL 越小越好。

3.4.4　应用

保持霍尔元件的控制电流恒定，而使霍尔元件在一个均匀梯度的磁场中沿 x 方向移动。则输出的霍尔电动势为：

$$U_H=kx \tag{3-25}$$

式中，k 为位移传感器的灵敏度。

当霍尔元件的控制电流不变，并置于均匀梯度的磁场中移动时，其输出的霍尔电势 U_H 只取决于它在磁场中的位移。而且，磁场梯度越大，灵敏度越高；磁场梯度变化越均匀，霍尔电势与位移的关系越接近线性。图 3-17 展示了几种产生梯度磁场的磁路系统。对应此 3 种磁路系统及 z 处磁感应强度 B ，可得相应的霍尔

位移传感器的电势 U_H 与位移 Δz 的关系曲线 a、b、c，如图 3-18 所示。

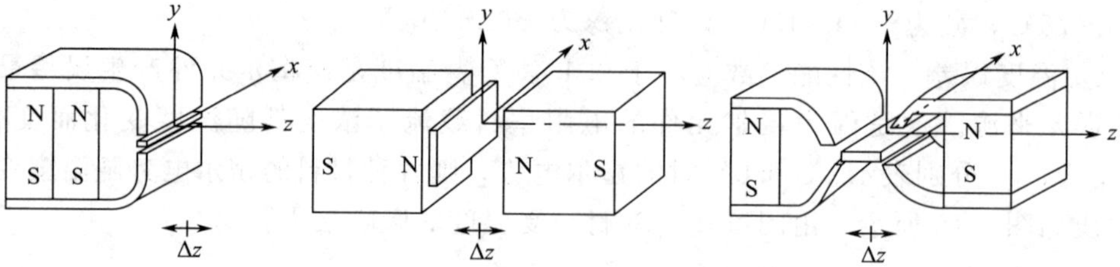

图 3-17　产生梯度磁场的几种磁系统

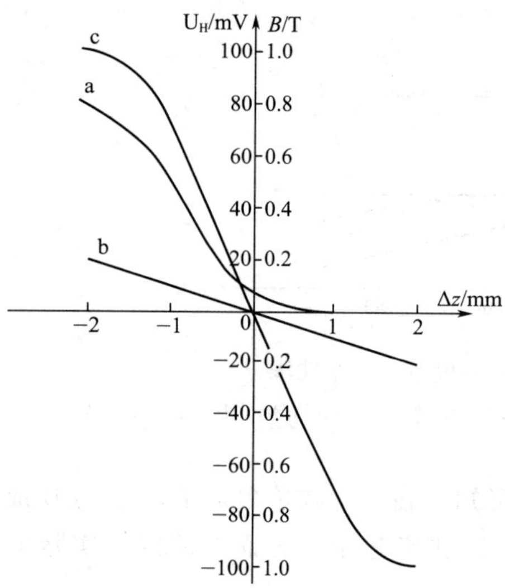

图 3-18　几种霍尔位移传感器的静态特性

由图 3-18 可知，曲线 a 的传感器线性范围窄，且存在零位输出。对曲线 b，当位移 $\Delta z < \pm 2\text{mm}$ 时，输出霍尔电势 U_H 与位移 Δz 之间具有良好的线性关系。这种形式的位移传感器，在其工作范围内的磁场梯度一般不大于 0.03T/mm。两磁铁间的距离越小，磁场梯度越大，其灵敏度越高。这种传感器的分辨力可达 10^{-6}m。

曲线 c 对应的位移传感器灵敏度最高。它由两个直流磁系统共同构成一个高梯度磁场（达 1T/mm）。但它能测的位移量很小，一般为 $\Delta z \leqslant \pm 0.5\text{mm}$。以微位移检测为基础，可以构成压力、应力、应变、机械振动、加速度、重量、称重等霍尔传感器。

霍尔位移传感器在工业自动化中可用于检测气缸状态。气缸在工业中通常用于启动推拉动作并提供推拉力。位置反馈对于确保功能至关重要，而气动线性致动器通常在气缸内嵌入一个磁性元件。霍尔效应传感单元（或多个单元）可以连接到气缸的外部，允许工程师和技术人员微调磁性读取位置。

3.5 现状与展望

当前，工业传感器领域正处于快速发展和深化应用的关键阶段。全球市场持续扩张，中国作为重要市场增长尤为显著，智能传感器增速领先整体水平。在技术层面，高精度、高可靠性传感器不断涌现，例如具有超低噪声和漂移的 MEMS 加速度计，以及能耐受极端温度（如 $-271 \sim 400℃$）的新型磁传感器，为工业设备状态监测、精密控制提供了更强支撑。多模态融合技术（如结合深度测量与成像的 iToF 传感器）显著提升了感知能力，拓展了应用边界。在应用上，工业自动化是核心战场，六维力传感器赋能机器人精密作业，压电传感器优化冲压工艺，超声波传感器在非接触式检测领域地位稳固，MEMS 器件则广泛应用于基础设施健康监测。然而，挑战依然突出：上游核心元器件（如高端 MEMS 芯片、敏感材料）国产化率低，关键技术受制于人；同时，行业标准体系尚不完善，特别是在温漂、抗振性等关键性能参数的测试验证方面缺乏统一规范，制约了产业的规范化和高质量发展。

展望未来，工业传感器将沿着智能化、融合化、场景多元化的方向深度演进。技术创新将更强调融合与协同，单一原理传感器难以满足复杂需求，压阻、电容、磁电霍尔等多技术路线的集成将成为提升性能和降低成本的关键，例如融合传感器可同时检测压力与滑移，适配人形机器人等前沿应用。端侧智能（TinyML）的嵌入将使传感器从单纯的数据采集点升级为具备边缘计算能力的智能节点，实现毫秒级的实时诊断与决策，显著提升系统响应速度和可靠性。即将到来的 6G 技术带来的通感一体能力，将感知精度推向毫米级，可支持更大范围、更细微的状态监测。传感器的应用场景将迎来爆发式增长：人形机器人的规模化量产将催生千亿级的触觉传感市场；耐极端环境（如极地、深海）的自修复、自供能传感技术将解锁新的监测领域；传感器作为构建物理世界数字孪生的基石，将与云计算、AI 深度融合，形成“感知—分析—决策—执行”的闭环，驱动智慧工厂和智慧城市向更高水平迈进。

本章小结

传感器作为工业自动化的“感官神经”，通过实时数据采集驱动智能制造升级。本章重点剖析三类核心传感器：①压电式力学传感器基于正压电效应，专精动态力监测（如机器人关节控制），具备高刚度、高频响特性，但受限于电荷泄漏无法实现静态测量；②超声波传感器利用声波反射时延实现非接触测距，穿透性强，需补偿介质衰减；③霍尔位移传感器通过霍尔效应转换磁场位移，以无接触、微米级精度应用于气缸定位。

习题

思考题

1. 压电传感器为何不能用于静态力测量？如何通过系统设计弥补此缺陷？
2. 比较超声波与激光测距传感器在汽车自动化产线中的适用场景及优劣。
3. 霍尔位移传感器的温度误差主要来源是什么？
4. 如何通过多传感器融合（如力＋视觉）实现定制化产品的柔性生产？给出

具体流程设想。

计算题

压电式压力传感器膜片面积 $S=50\text{mm}^2$，压电系数 $d_{11}=2.3\text{pC/N}$，受到的压力 $P=5\text{MPa}$。

① 求输出电荷量。

② 若等效电容 $C_0=15\text{nF}$，求电压灵敏度。

选择题

1. 压电式力传感器无法用于以下哪种测量？

A. 机床动态切削力

B. 轴承支座反力

C. 静态压力监测

D. 机器人关节力矩

2. 超声波传感器测量距离的公式是什么？

A. $d=v\cdot t$

B. $d=v/2t$

C. $d=(v\cdot t)/2$

D. $d=2v\cdot t$

3. 霍尔位移传感器的输出信号特性是什么？

A. 与磁场强度成反比

B. 与电流强度无关

C. 正比于控制电流和磁感应强度

D. 仅适用于接触式测量

4. 工业压电式力传感器的电荷灵敏度单位是什么？

A. N/pC

B. pC/N

C. V/m

D. mV/N

填空题

1. 压电效应的两种类型是__________和__________。

2. KISTLER 9306A 型六维力传感器可测量的物理量包括__________和__________。

3. 霍尔位移传感器中，若小磁钢间距为 2mm，则其分辨力为__________。

4. 压电式力传感器的工作温度范围通常为__________。

第 4 章 传感器与海洋环境监测

知识导图

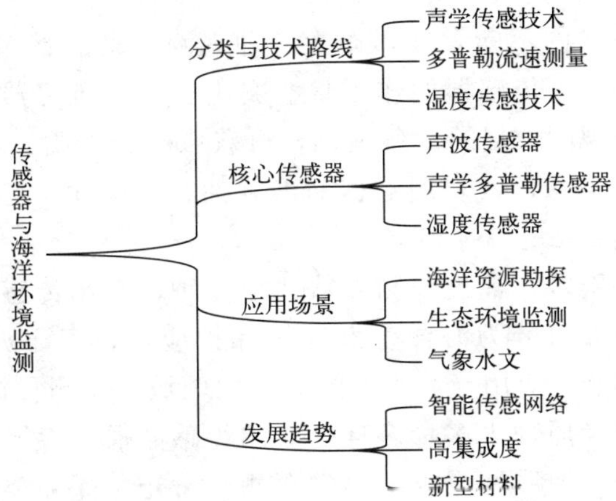

学习目标

1. 理解海洋环境监测的重要性；
2. 掌握海洋传感器的分类与特点；
3. 深入理解声压传感器的原理与应用；
4. 掌握声学多普勒传感器的工作原理；
5. 掌握湿度传感器的原理与海洋应用。

4.1 传感器在海洋环境监测中的类型和特点

地球上海洋总面积约为 3.6 亿平方千米，约占地球总面积的 71%，海洋是自然资源的宝藏，也是科学研究的重要场所。海洋环境是地球环境的重要组成部分，也是全球生命支持系统的重要组成部分。它同时在全球水循环、气候变化中起到重要作用。为了更好地了解海洋，我们需要对海洋进行探测，收集关于海洋的各种参数并对其进行研究。

以传感技术为核心的海洋监测技术作为海洋科学和技术的重要组成部分，在维护海洋权益、开发海洋资源、预警海洋灾害、保护海洋环境、加强国防建设、谋求新的发展空间等方面起着十分重要的作用，也是展示一个国家综合国力的重要标志。海洋监测技术一般可分为天基海洋观测、海基观测和水下海洋观测。科学技术的进步使得我们对于海洋的认识不再局限于某一块区域。尤其航空航天技术的发展，使得人类文明的触角首次延伸到了地球之外，同时海洋的全貌也得以展示在世人面前。相关调查显示，一些卫星上装备了用来观测海色、海温、海岸带、海洋动力、海表特征、赤潮、植被、溢油等海洋特征的传感器群，以实现对海洋的宏观认识。

随着海洋观测技术的不断发展，作为各种观测要素的感知、采集、转换、传输和处理的功能器件——传感器的作用日益突出。海洋传感器是海洋观测系统的神经末梢，作为海洋观测数据的设备基础，可获取海洋水质、水文、生态、成像、地形地貌、地震波等信息，其观测数据的准确性、原位性、连续性等，与最终海洋观测结果息息相关。

海洋传感器种类繁多，常规监测参数达上千种，常用传感器达数百种。海洋传感器根据应用领域大致分为海洋生态环境保护应用、海洋资源勘探开发应用、国防安全应用和科学研究应用等。在不同的应用领域，观测目标和参数各有不同，同一参数的观测方法和原理也多种多样。海洋传感器根据检测参数类别可大致划分为水质类、水文类、地质地震类、声学探测类、光学探测类等，每一类检测参数多则包含上百项检测目标，少则数十项检测目标，且根据应用领域和应用环境的不同，每一项检测参数的工作原理和技术实现手段各有不同。

海洋传感器是海洋仪器设备的基础，在海洋监测领域应用广泛，可测量并提供各种基本海洋学要素的原始数据，这些数据不仅用于海洋科学研究，还是海洋资源开发领域不可或缺的数据资源。本章主要介绍海洋领域典型的三种传感器：声波传感器、声学多普勒传感器和湿度传感器。

4.2 声波传感器

声波探测是人类感知环境和信息交互的基本方式，水声是人类迄今为止所知道的唯一能在海洋里远距离传播的能量形式。其他的物理媒介，如可见光、电磁波、激光等在海水中传播时会很快地衰减，因而无法传向远方。声呐（sonar）一词源于第二次世界大战期间，由声音（sound）、导航（navigation）和测距（ranging）3个英文单词构成。今天，声呐的定义是：“利用水下声波判断海洋中物体的存在、位置及类型的方法和设备”。声呐系统有主动和被动2种工作方式（基本模型见图 4-1)。当声呐系统以主动方式工作时，一个预先设计好的已知信号被发射出去，当照射到某个目标时则会接收到反射信号（或称“回声”）；当声呐系统以被动方式工作时，目标被发现则是因其所辐射的噪声。而无论是主动式还是被动式声呐系统，要接收待测物体所传回的信号，就需要用到将声信号转换成电信号的换能器——声压传感器。声压传感技术是水下探测与通信的关键手段，在水下导航通信、目标探测定位、海洋资源勘探、海洋生态监测等军民领域发挥着重要作用。

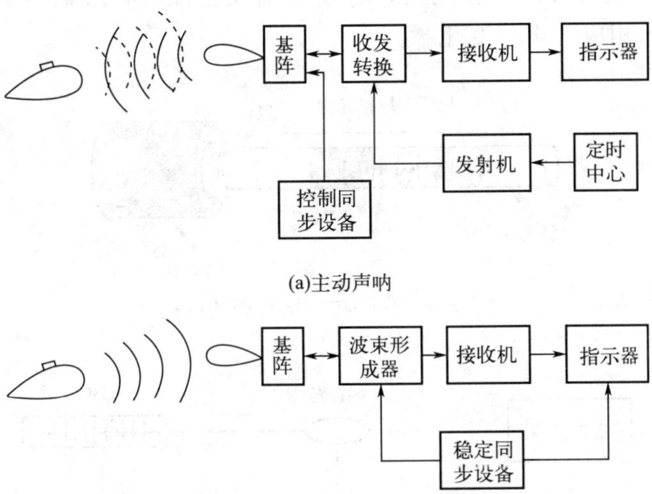

(a)主动声呐

(b)被动声呐

图 4-1　声呐系统基本模型

声压传感器的性能直接关系到最终采集数据的精度。从声压传感器的材质和工作方式上看，声压传感器可以分为压电型声压传感器、光纤型声压传感器和 MEMS 型声压传感器等。其中，压电型和光纤型的全向声压传感器具有各向同性，MEMS 型声压传感器具有各向异性，可在采集压力信号的同时获取振动矢量信号。

本节将以光纤型为例，详细介绍声压传感器的结构、原理、性能参数和应用场景。

4.2.1　结构

光纤型声压传感器由于传感头部分无需用电，而是通过光来传输信号，所以具有抗电磁干扰、电绝缘、动态范围宽、稳定可靠性高、灵敏度不受水流静压力和频率的影响、可以进行远距离测量、探头体积小、方便构成大规模阵列等众多优点。所以，光纤型声压传感器的研究越来越受到各国的重视。

(1) 光纤光栅水声传感器

随着光敏光刻技术的发展，在光纤上刻写光纤光栅功能器件的技术发展不断成熟，这促进了光纤光栅传感技术的广泛应用。图 4-2 展示了光纤布拉格光栅的结构，其中，Λ 代表光纤布拉格光栅的栅格周期，即相邻两个光栅条纹之间的距离。光纤光栅声压传感器以其体积小、复用能力强、成本低等优点，为解决阵列小尺寸和大规模复用等工程应用问题提供了新的方案。图 4-3 为无源型光纤光栅水声传感系统，光纤光栅的载体为普通单模光纤，光纤内部无掺杂，当 C 波段宽带光源（1535～1565nm）输入到光纤光栅时，由于光纤光栅的窄带反射特性，会向后反射一个窄带反射光，该反射光的中心波长随外界物理量的变化而产生相应变化。当 FBG 声压传感器受外界声压作用时，其反射谱发生漂移，继而可通过检测反射波长或功率解调出相应的声压变化。

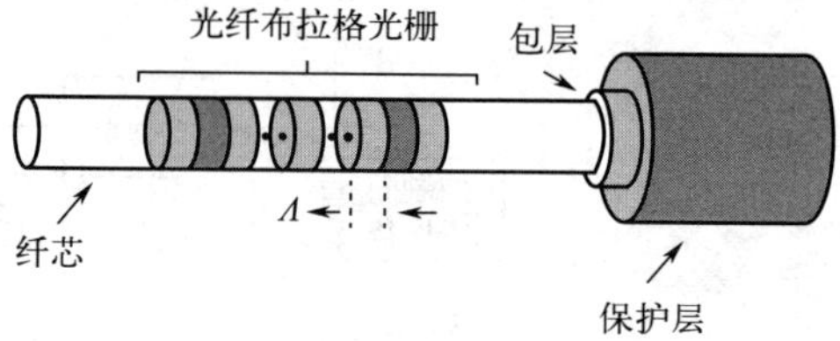

图 4-2　光纤布拉格光栅的结构

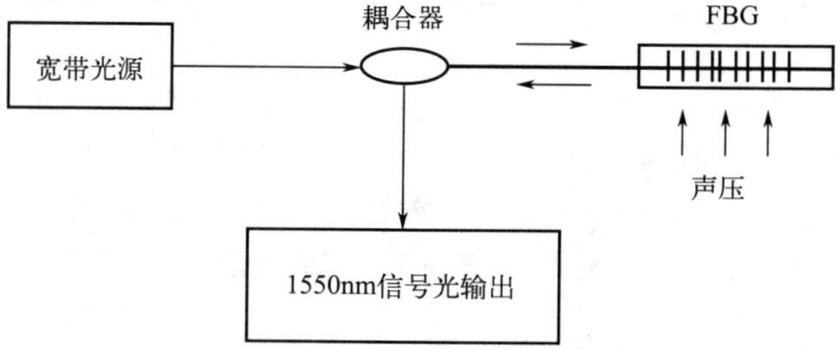

图 4-3　无源型光纤光栅水声传感系统原理框图

一种基于薄壳弹簧增敏结构的光纤光栅声压传感器，其探头结构如图 4-4 所示。该传感器通过增大声压 P 的作用面积，并将径向压力转化为 FBG（光纤布拉格光栅）的轴向应变，从而使 FBG 对声压信号的敏感度提升。

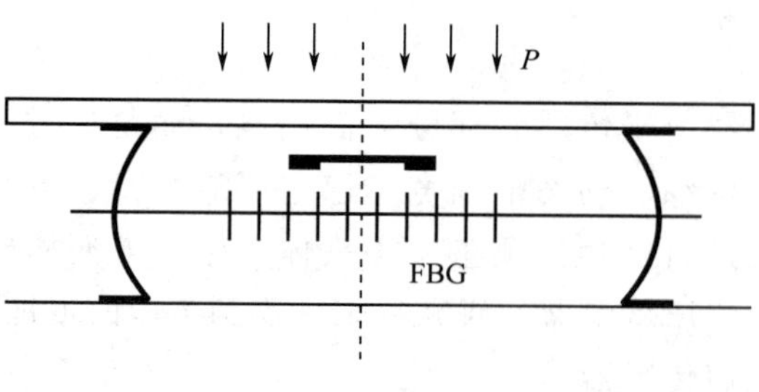

图 4-4　薄壳弹簧增敏结构

(2) 干涉型光纤声压传感器

另一种光纤声压传感器是干涉型光纤声压传感器，该类传感器传感光纤的长度变化对水声声压的微小波动异常敏感，因此灵敏度很高。如图 4-5 所示，其工作原理是利用声压引起光纤光学相位变化，通过干涉技术将相位变化转换为光强变化进行检测。最常用的干涉型光纤声压传感器由窄线宽激光器、2×2 光纤耦合器、传感光纤、参考光纤和光电探测器等核心部件构成完整的测量系统。激光器发出的相干光经耦合器分束后分别进入传感臂和参考臂，其中传感臂通过特殊封装结构使其能够灵敏感知外界声压变化，参考臂则采取隔离措施保持光学特性稳定。两路光信号在输出端耦合器处发生干涉，形成包含声压信息的干涉信号。光电探测器将光信号转换为电信号后，经由包含带通滤波器和锁相放大器的信号处理电路进行解调，最终输出与声压成正比的电压信号。为提高测量灵敏度，传感光纤通常采用具有高光弹系数的掺锗石英光纤，并通过优化封装材料（如硅橡胶）和结构设计来增强声压耦合效率。整个系统采用全光纤结构设计，不仅避免了电磁干扰的影响，还可通过选择适当的光纤长度和激光波长来优化频率响应特性，使其在 1Hz～50kHz 频率范围内具有 −160dB re 1V/μPa 的高灵敏度和超过 120dB 的动态范围，同时能保持优良的温度稳定性和环境适应性。

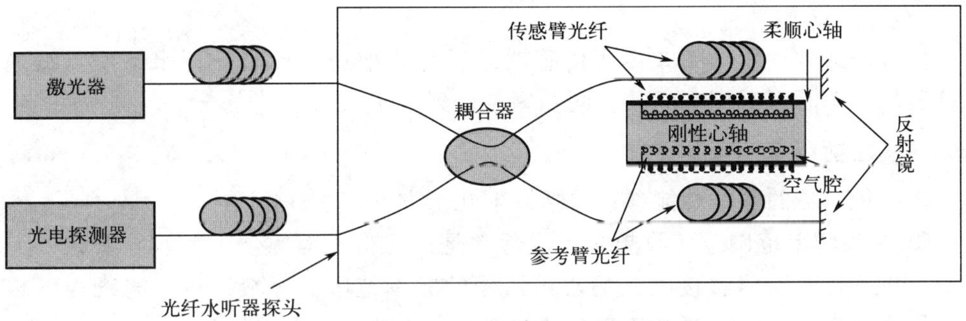

图 4-5 干涉型光纤声压传感器的结构

4.2.2 原理

声压传感器的基本工作原理为通过传感器接收水下声压变化，进而输出一定的电压，将水下声压变化转化为电信号进行分析处理。影响该类声压传感器使用效果的重要因素在于声敏材料，据此可将其分为压电陶瓷声压传感器、压电复合材料声压传感器、PVDF 声压传感器和光纤声压传感器。测量原理：基于压电效应，当压电声压传感器处于声场环境中时，声敏材料表面内外会产生声压差，进而管外声压接收装置会获得声压信息，分析处理后可得结果。

在水声中声压测量方法基本上可归纳为三大类：一是利用双声压传感器测量的 p-p 法；二是利用双振速声压传感器测量的 u-u 法；三是利用声压传感器和质点

振速声压传感器测量的 p-u 法。

（1）p-p 法

基于双声压传感器测量原理，定义空间相距 Δr 的两点声压分别为 p_1 和 p_2，则由有限差分近似可得质点振速：

$$u(r)=\frac{\mathrm{j}[p_2(r_2)-p_1(r_1)]}{\rho_0\omega\Delta r} \tag{4-1}$$

此时，点 r 处的声压可表示为：

$$p(r)=\frac{p_2(r_2)+p_1(r_1)}{2} \tag{4-2}$$

（2）u-u 法

基于质量守恒方程，时间简谐声场作用下的声压可表示为：

$$p(r)=\frac{\mathrm{j}\rho_0 c^2}{\omega}[\nabla\cdot u(r)]=\frac{\mathrm{j}\rho_0 c^2}{\omega}\left[\frac{\partial u_x}{\partial x}+\frac{\partial u_y}{\partial y}+\frac{\partial u_z}{\partial z}\right] \tag{4-3}$$

假设空间相距较近的双质点振速声压传感器测量声压分别为 u_1 和 u_2，其轴向与声波传播方向相同，则由有限差分近似可得声压：

$$p(r)=\frac{\mathrm{j}\rho_0 c^2[u_2(r_2)-u_1(r_1)]}{\omega\Delta r} \tag{4-4}$$

（3）p-u 法

该方法通常利用动圈式声压传感器或压电式加速度计来进行水下质点振速的直接测量，同时可利用空间共点同步测量得到声压。

4.2.3 性能参数

声压传感器的基本性能参数包括以下几个方面。

① 接收频率范围　接收频率范围通常是声压传感器重要的基本参数之一。它决定了声压传感器能够接收到的水声信号的频率范围。一般来说，光纤声压传感器的接收频率范围可以覆盖从几十赫兹到几十千赫兹的水声信号。

② 灵敏度　光纤声压传感器的灵敏度指的是在单位输入信号下，声压传感器能够输出的电信号强度。灵敏度高的声压传感器能够更好地捕捉微弱的水声信号，因此灵敏度是评价声压传感器性能的重要参数之一。

③ 噪声水平　噪声水平是指声压传感器在没有输入信号时本身产生的噪声电平。低噪声水平能够提高声压传感器对微弱信号的检测能力，因此噪声水平也是评价声压传感器性能的重要参数之一。

④ 动态范围　光纤声压传感器的动态范围是指在输入信号强度变化较大时，声压传感器能够正常工作的范围。动态范围大的声压传感器能够在强信号和弱信号共存的环境下有效工作，因此动态范围也是评价声压传感器性能的重要参数之一。

⑤ 频率响应特性　光纤声压传感器的频率响应特性描述了在不同频率下声压

传感器的灵敏度表现。良好的频率响应特性能够使声压传感器在不同频率下都有较好的信号接收能力。

综上所述，光纤声压传感器的基本参数包括接收频率范围、灵敏度、噪声水平、动态范围和频率响应特性等，这些参数直接影响着声压传感器的性能和适用范围。在选择和应用光纤声压传感器时，需要根据具体的使用需求来综合考虑这些参数。

4.2.4 声压传感器的应用

声压传感器作为海洋环境监测中的关键器件，在多个领域发挥着重要作用。其应用主要体现在以下几个方面。

在海洋资源勘探领域，声压传感器（水听器）是海底地质勘探的核心设备。通过布设水听器阵列，结合地震波反射技术，可实现对海底地层结构的精确探测，为油气田勘探提供重要数据支持。典型应用包括海洋地震勘探系统和海底地震仪（OBS）等。

在海洋环境监测方面，声压传感器用于海洋噪声监测和生物声学研究。通过长期监测海洋环境噪声，可评估人类活动（如航运、工程建设）对海洋生态系统的影响。同时，利用高灵敏度水听器可记录海洋生物（如鲸类）的声学信号，为生物多样性研究提供重要手段。

在水下目标探测中，声压传感器是声呐系统的核心部件。侧扫声呐、多波束测深仪等设备通过发射和接收声波信号，可实现水下地形测绘和目标识别。军事领域则将声压传感器应用于潜艇探测、水雷识别等关键任务。

在海洋工程安全监测领域，分布式光纤声压传感系统（DAS）展现出独特优势。该系统通过监测海底电缆、管道等设施周围的声学信号，可实时发现锚害、第三方破坏等安全隐患，为海洋工程设施提供全天候安全监测方案。表 4-1 列举了声压传感器在海洋环境中的典型应用参数。

表 4-1 声压传感器在海洋环境的典型应用参数

应用领域	传感器类型	频率范围	灵敏度	主要功能
地震勘探	压电水听器阵列	5～200Hz	－180dB	地层结构探测
生物监测	光纤水听器	20Hz～50kHz	－170dB	海洋生物声学记录
水下测绘	声呐换能器	10～500kHz	－160dB	地形测绘与目标识别
工程监测	分布式光纤传感	0.1～10kHz	－150dB	设施安全监测

随着海洋观测技术的发展，声压传感器正朝着智能化、网络化方向发展。新型光纤声压传感器凭借其抗电磁干扰、耐腐蚀等优势，在深远海监测中展现出良好的应用前景。未来，结合人工智能算法的智能声学监测系统将进一步提升海洋

环境监测的自动化水平。

4.3 声学多普勒传感器

声学多普勒传感器是一种基于多普勒效应的高精度测量设备，广泛应用于海洋环境监测。其原理是通过发射声波并接收反射信号，利用信号频率的变化来测量目标的速度和方向。在海洋环境中，这种传感器被集成到海流计中，用于实时监测海水的流速和流向。海流计利用声学多普勒传感器的高精度和高灵敏度，能够精确测量从浅海到深海的水流变化，为海洋科学研究、海洋工程设计以及海洋资源开发提供关键数据支持。此外，它还能用于监测海洋环流，研究气候变化对海洋生态系统的影响，以及预警海洋灾害。声学多普勒传感器因其非接触式测量、高精度和适应性强等特点，已成为现代海洋监测中不可或缺的重要工具。

4.3.1 结构

声学多普勒传感器（如 ADCP）与单点多普勒流速传感器在结构上具有相似性，均依赖超声波进行流速测量，但多普勒传感器更侧重于剖面流速测量，而非单点流速。其核心组件同样包括耐压外壳、换能器阵列、信号处理电路及电源模块，并需考虑深海环境下的耐压与密封问题。与单点传感器类似，ADCP 的换能器通常安装在支撑结构上，以确保声波的有效发射与接收；同时，为适应深海测量，其外壳也需采用高强度钛合金或复合材料，并配备电子罗盘进行姿态校正。此外，由于多普勒测量依赖频移计算，其信号处理电路需具备更高的实时运算能力；而接插件的密封性同样至关重要，以防止高压渗水影响数据可靠性。

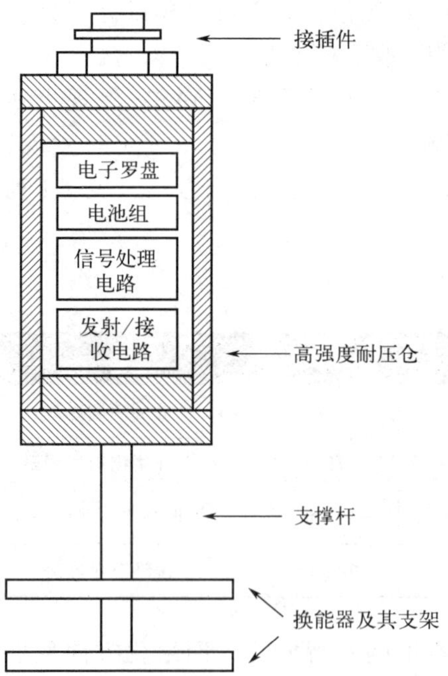

图 4-6 声学多普勒传感器的机械结构剖面图

声学多普勒传感器采用超声波，超声波在水中传播时，传播距离越大，声强越小。图 4-6 为声学多普勒传感器的机械结构，声学多普勒传感器有时用于深海流速测量，因此装有电子罗盘、电池组、信号处理电路、发射/接收电路，机身外壳必须采用高强度耐压材料，防止深海压力对内部仪器造成损坏，同时用于和外部传输的接插件也必须做好耐压和密封处理。支撑杆有两个作用，一是连接和支撑换能器，二是装载连接换能器和发射/接收电路之间的电缆，同样，支撑杆和换能器支架也要做好耐压和密封处理。

4.3.2 原理

图 4-7 为声学多普勒传感器测量方法的技术框架，信号发射电路产生周期的方波信号，驱动两个相对的超声换能器同时发出超声信号，正反两个方向的信号发出时间相同，因此接收信号的时间差等于信号在声轴上传播的时间差。换能器采用收发合置的设计，接收的顺流信号和逆流信号经开关切换电路进入信号处理电路。信号处理电路将两个信号到达的时间差转换成电压差，再对电压差进行放大和 A/D 采样。采样得到的数据送入存储器存储。最后，由处理器将电压差的数据换算成时间差，进而计算出该声轴流速的分量。

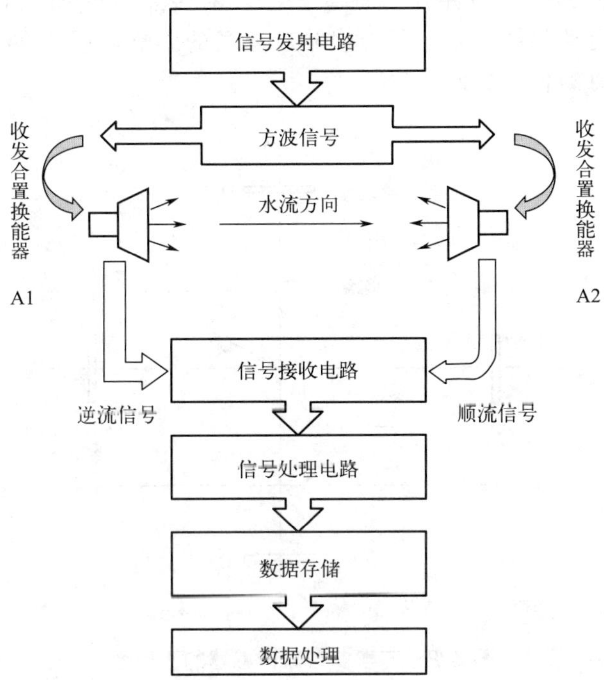

图 4-7 声学多普勒传感器测量方法的技术框架

图 4-8 为声学多普勒传感器的原理图。A、B、C、D 代表四个声学换能器，负责收发声学信号，根据换能器和海流矢量的方位关系，得到 AB 和 CD 的两个流速分量 v 和 u。假设 X 方向上，A 发出声信号，B 接收声信号，AB 间距为 S，可得：

$$f_1 = \frac{C+v}{S} \tag{4-5}$$

式中，C 为声在海水中的传播速度。

同理，声信号从 B 发出，A 接收，可得：

$$f_2=\frac{C-v}{S} \tag{4-6}$$

频率 f_1 和 f_2 的差额 Δf 为：

$$\Delta f=f_1-f_2=\frac{C+v}{S}-\frac{C-v}{S} \tag{4-7}$$

上式建立了流速分量 v 与差额 Δf 之间的一一对应关系，v 的正负方向可以从 f_1 与 f_2 的大小比较出来。同理可测得 u，相对流向为：

$$\phi=\text{arctg}\,\frac{u}{v} \tag{4-8}$$

合成海流为：$V=\sqrt{u^2+v^2}$

声学多普勒传感器的电路比较庞大复杂，对传感器的加工和安装要求精密，但它去掉了机械运动部件，减小了传感器对流场的影响，适合在上层海洋测流速，也可在河流、深海测各种流速。

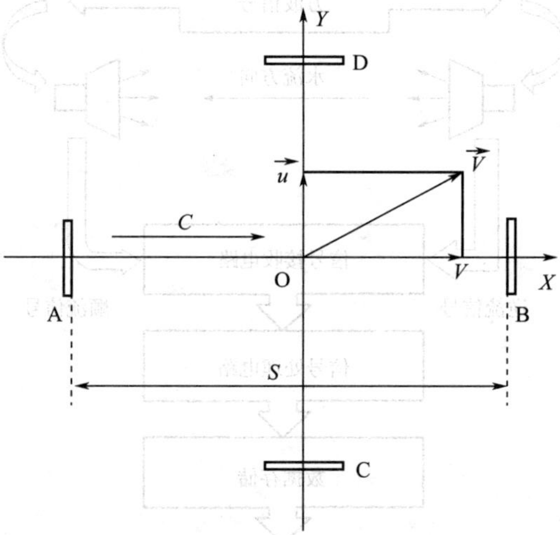

图 4-8　声学多普勒传感器的原理图

4.3.3　性能参数

声学多普勒传感器（也称为流速计）用于测量海洋中的流速和流向。其性能参数主要包括以下几个方面。

① 测量范围　指声学多普勒传感器能够测量的流速范围，单位通常使用米每秒（m/s）。不同类型的声学多普勒传感器具有不同的测量范围。

② 测量精度　指测量结果与真实值的接近程度，通常以绝对误差或相对误差来表示。高精度的声学多普勒传感器能提供更准确的流速和流向数据。

③ 分辨率　指声学多普勒传感器能够区分的最小流速变化，单位通常使用米

每秒（m/s）。较高的分辨率能够检测到较小的流速变化。

④ 响应时间 指声学多普勒传感器对流速变化做出反应的时间。这通常取决于传感器的设计和测量模式。

⑤ 数据采集频率 指声学多普勒传感器记录数据的频率，单位通常使用赫兹（Hz）。数据采集频率越高，可以更详细地捕捉流速变化。

⑥ 工作深度 指声学多普勒传感器可以有效工作的最大水深。不同类型的声学多普勒传感器设计用于不同的深度范围。

⑦ 数据存储容量 声学多普勒传感器内置的数据存储容量，这决定了它可以记录的数据量。较大的存储容量可以支持更长时间的监测。

⑧ 耐用性 包括对环境因素（如海水、压力、温度等）的耐受性。高耐用性的声学多普勒传感器能在恶劣的海洋环境中长时间可靠地工作。

⑨ 校准方式 指声学多普勒传感器如何进行准确的校准，以确保测量结果的准确性和可靠性。

⑩ 功耗 声学多普勒传感器的能耗，特别是在远程或深海应用中，低功耗设计能够延长设备的工作时间。

这些参数可以帮助选择适合特定应用需求的声学多普勒传感器。

4.3.4 应用

声学多普勒流速传感器（ADV/ADCP）凭借其非侵入式、高精度和可剖面测量的优势，在海洋观测、水利工程等领域发挥着关键作用。在海洋科学研究中，ADCP可长期布放于海底或搭载于船只，实时获取从表层至底层的水流剖面数据，为研究洋流结构、内波运动等提供重要观测手段；在航道监测领域，其能准确测量复杂流场，保障航行安全。当需要更高精度的单点流速测量时，通常将声学多普勒传感器与传统海流计（如电磁海流计或声传播时间海流计）配合使用：ADCP提供大范围流速剖面，而海流计则作为基准点进行数据校准，二者优势互补，共同构建完整的流场观测系统。这种组合测量方式已成为现代海洋环境监测的标准化方案。

海流计作为海洋流速测量的基础仪器，主要分为机械式、电磁式和声学式三大类。机械式海流计（如转子式）通过测量叶轮转速推算流速，结构简单但存在机械磨损；电磁式海流计依据法拉第电磁感应原理，利用海水流动切割磁感线产生的电动势测量流速，无活动部件但易受电磁干扰；声学海流计（如声传播时间式）则通过检测超声波顺逆流传播的时间差来计算流速，具有响应快、量程宽的特点。现代海流计常集成温度、盐度、压力传感器，并采用低功耗设计，适用于长期定点观测。在与ADCP配合使用时，海流计不仅提供单点数据验证，其高采样率特性还能捕捉ADCP可能遗漏的高频湍流信号，二者协同工作可显著提升海洋流场观测数据的时空分辨率和可靠性。

4.4 湿度传感器

海洋为大气提供大量水汽，湿润空气，人类的生存与海洋湿度密切相关，随着科技的发展，对海洋湿度的监测也备受关注。环境中的空气作为一种混合气体，其所包含的水蒸气含量即指湿度这一物理量。湿度传感器由湿敏元件和转换电路组成，可将环境湿度转换为模拟电信号，其工作原理是基于特定材料的吸湿特性，如湿敏电阻、湿敏电容等。

4.4.1 结构

陶瓷湿度传感器是基于多孔陶瓷材料独特的湿敏特性而设计的环境湿度检测装置。如图 4-9 所示，其核心结构由五个关键功能单元组成。

① 多孔陶瓷基体　作为传感器的核心部件，多孔陶瓷基体采用高纯度金属氧化物（如 Al_2O_3、TiO_2 等）粉末通过精密成型和高温烧结工艺制成。这种特殊的多孔结构具有巨大的比表面积和丰富的表面活性位点，能够高效吸附环境中的水分子，并通过改变其介电常数或离子电导率来响应湿度变化。

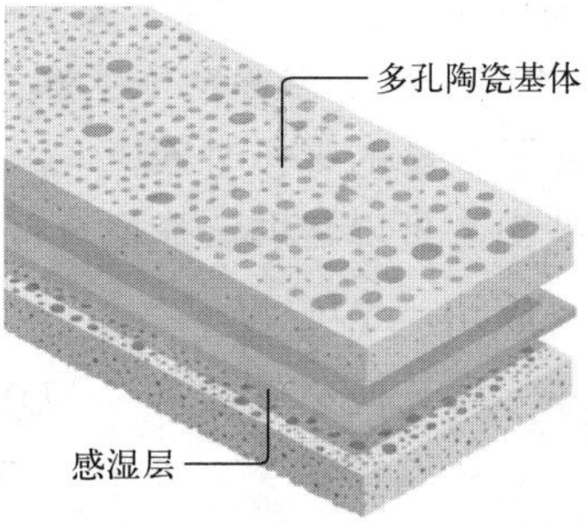

图 4-9　陶瓷传感器的结构图

② 感湿功能层　在陶瓷基体表面通过先进的薄膜沉积或印刷工艺制备的 $MgCr_2O_4$-TiO_2 等复合金属氧化物层。该层具有优化的微观结构和化学成分，具有快速的水分子吸附/脱附动力学特性，实现毫秒级的湿度响应速度。

③ 电极系统　采用 RuO_2 等贵金属氧化物材料构建的微米级多孔电极，既能保证良好的电子传导性能，又能维持足够的水汽渗透通道。电极通过特殊的烧结工艺与陶瓷基体形成稳定的欧姆接触，并通过铂铱合金引线与外部信号处理电路可靠连接。

④ 自清洁单元　集成的高精度加热元件采用耐高温镍铬合金材料，通过智能温控系统实现（450±5）℃的精准加热，可快速分解传感器表面污染物而不损伤感湿材料，显著提升传感器在恶劣环境中的长期稳定性。

⑤ 防护结构　多层复合保护系统包括疏水表面处理层、微孔过滤膜和机械保护外壳，在确保快速湿度响应的同时，可有效防止污染物渗透和机械损伤，使传感器能够在−40～150℃的宽温度范围内稳定工作。

4.4.2 原理

湿度传感器种类繁多，按功能分为绝对湿度传感器、相对湿度传感器、结露传感器；按传感器件分为电阻式、电容式、电感式和半导体式；按感湿机理分为亲水型和疏水型；按湿敏材料分为陶瓷型、有机高分子型和电解质型。下面以氧化铝陶瓷湿度传感器为例介绍其工作原理。

基于氧化铝陶瓷的无线无源湿度传感器采用聚酰亚胺薄膜作为湿敏材料。聚酰亚胺在－200～260℃的范围内具有稳定的化学性能、物理性能及介电性能；同时具有耐高温、耐辐射、耐磨、尺寸稳定、易于改性等特点。聚酰亚胺的介电常数约为 2.9，蒸馏水的介电常数约为 76.7，当环境中水分子的浓度发生改变时，聚酰亚胺薄膜吸附的水分子量发生变化，导致其介电常数改变。当聚酰亚胺吸收水分子后，根据 Looyenga 关系式，可得到聚酰亚胺和水组成的复合体系的介电常数表达公式：

$$\varepsilon=\left[v\left(\varepsilon_2^{\frac{1}{3}}-\varepsilon_1^{\frac{1}{3}}\right)\right] \tag{4-9}$$

式中，v 代表被吸收的水在聚酰亚胺-水复合体系中所占的体积分数。

陶瓷表面多孔吸湿后，电阻值将发生改变。陶瓷湿敏元件随外界湿度变化而使阻值变化的特性便是用来制造湿度传感器的依据。陶瓷湿度传感器有很多优点：测试范围宽，基本上可以实现全湿范围内的湿度测量；工作温度高，常温湿度传感器的工作温度在 150℃以下，而高温湿度传感器的工作温度可达 800℃；响应时间短，多孔陶瓷的表面积大，易于吸湿和脱湿。同时还具有湿滞小、抗沾污、可高温清洗、灵敏度高、稳定性好等其他优点。

陶瓷湿度传感器按其制造工艺主要可以分为以下几种形式：用传统的烧结法制成的多孔烧结型；由金属氧化物微粒经过堆积、黏结而成的涂覆膜型；用悬浮沉淀法、丝网印刷工艺制成的厚膜型；用真空蒸发、溅射、化学气相沉积等薄膜技术制成的薄膜型。商品化湿度传感器以烧结型为主。

陶瓷湿度传感器较成熟的产品有 $MgCr_2O_4$-TiO_2（铬酸镁-二氧化钛）系、ZnO-Cr_2O_3（氧化锌-三氧化二铬）系、ZrO_2（二氧化锆）系、Al_2O_3（三氧化二铝）系、TiO_2-V_2O_5（二氧化钛-五氧化二钒）系和 Fe_3O_4（四氧化三铁）系等。它们的感湿特征量大多数为电阻，除 Fe_3O_4 系外，都为负特性湿度传感器，即随着环境湿度的增加，电阻值降低。

如 $MgCr_2O_4$-TiO_2 湿度传感器就是一种典型的多孔烧结型陶瓷湿度测量器件，具有灵敏度高、响应特性好、测湿范围宽和高温清洗后性能稳定等优点，目前已商品化。首先将 $MgCr_2O_4$ 作为基础材料，加入适量的 TiO_2，在 1300℃下烧结而成，然后切割成所需的薄片。随后在 $MgCr_2O_4$-TiO_2 陶瓷薄片两面涂覆 RuO_2（二氧化钌）多孔电极，并于 800℃下烧结，制成感湿体，接着将电极与引出线烧结在一起，引线为 Pt-Ir（铂-铱）丝。最后在感湿体外设置由镍铬丝烧制而成的加热清洗线圈，此线圈的作用主要是通过加热去除附着在感湿片上的有害物质（如水分、油污、有机物和灰尘等），以恢复对水汽的吸附能力。常用 450℃的条件对陶瓷表面进行 1min 热清洗。

4.4.3 性能参数

① 绝对湿度 绝对湿度（absolute humidity，H_a）指在标准状态下，单位体积空气中含水蒸气的质量。表达式为：

$$H_a=\frac{m_V}{V} \tag{4-10}$$

式中，m_V 是水蒸气的质量；V 是空气的体积。绝对湿度的单位一般为 mg/L。在一定的气压和温度下，单位体积的空气中能容纳的水蒸气是有限度的，如果该体积空气中所含的水蒸气超过这个限度，水蒸气会发生凝结，该体积空气中所含的水蒸气可以用绝对湿度表示。水蒸气含量越多，那么该空气的绝对湿度越高。

② 相对湿度 相对湿度（relative humidity，H_r）指相同温度下绝对湿度与该种湿空气可能达到的最大绝对湿度之比。表达式为：

$$H_r=\frac{P_V}{P_W}\times 100\% \tag{4-11}$$

式中，P_V 是湿空气中的水蒸气分压力；P_W 是水的饱和压力；P_V 和 P_W 是同一温度下的物理量。在实际的湿度测试中，一般采用相对湿度。饱和水蒸气气压与气体的温度和压力有关，当温度和压力发生改变时，饱和水蒸气气压变化，即使气体中水蒸气的气压相同，其相对湿度也会改变，温度越高，饱和水蒸气气压越大。

③ 感湿特性 感湿特性是湿度传感器特征量（如电阻值、电容值、频率值等）随湿度变化的关系。

④ 湿度量程 湿度量程是湿度传感器能精确测量相对湿度的最大范围。一般来说，使用湿度传感器时不得超过湿度量程。0 ～ 100% RH 为理想湿度测量范围。湿度传感器在使用时需考虑其湿度量程，如高湿型湿度传感器的湿度量程一般大于 70%，低湿型湿度传感器常用于小于 40% RH 的场景。实际应用中为了扩大适用范围，常把多片湿敏器件组合使用。

⑤ 响应时间 湿敏器件对水蒸气的吸收过程为吸湿，反之，脱湿为消除湿敏器件水分的过程。湿敏器件完成吸湿和脱湿的过程所需的时间即响应时间。环境湿度改变后，经过一段响应时间，感湿特性改变。一般采用感湿特征的改变量达到总改变量的 90%所需的时间来计算。大多数湿敏器件的脱湿响应时间大于吸湿响应时间。

⑥ 湿滞特性 湿度传感器不仅在吸湿和脱湿过程中的响应时间不同，其感湿特性曲线也不同。吸湿和脱湿的两种感湿特性曲线形成一个环形线，称为湿滞回线。湿度传感器的这一特性称为湿滞特性，湿滞回差表示在湿滞回线上，同一感湿特征量值的情况下，吸湿和脱湿两种感湿特性曲线所对应的两个湿度的最大差值。湿度传感器的湿滞回差越小越好。

⑦ 感湿温度系数 湿度传感器对环境温度也很敏感。在不同环境温度下，湿度传感器的感湿特性曲线不同。感湿温度系数是指在感湿特征量一定时，温度传感器的温度变化与其对应的相对湿度变化之比。表示为：

$$\alpha=\frac{H_1-H_2}{\Delta T} \tag{4-12}$$

显然，湿度传感器感湿特性曲线随温度的变化越大，由感湿特征量所表示的环境湿度和实际环境湿度之间的误差越大，即感湿温度系数越大。环境温度的改变将直接影响湿度传感器的测量误差，所以在实际使用中，常进行温度修正或外接补偿，避免环境温度变化过大带来的影响。理想湿度传感器的感湿温度系数越小越好。一般湿度传感器的感湿温度系数为（0.2～0.8）%RH/℃。

⑧ 老化特性　老化特性是指湿度传感器在一定温度、湿度环境下，存放一段时间后，因为尘土、油污、有害气体等影响感湿特性的性质。

4.4.4 应用

陶瓷湿度传感器凭借其独特的材料特性，在多个工业领域展现出卓越的适应性。在智能制造领域，$MgCr_2O_4$-TiO_2 多孔陶瓷传感器被广泛应用于食品加工生产线，其（0～100）% RH 的全量程测量能力和±1.5% RH 的高精度，可精准控制烘焙、干燥等工艺环节；在电子工业中，Al_2O_3 薄膜传感器以 0.5s 的快速响应特性，确保半导体生产车间维持（45～55）% RH 的严格湿度环境；汽车制造领域则采用 ZrO_2 系传感器监测涂装车间湿度，其耐有机溶剂的特性可有效抵抗油漆挥发物的侵蚀。特别值得一提的是，在能源行业，高温型 Fe_3O_3 传感器能在 800℃环境下长期稳定工作，因此被集成到燃气轮机进气系统中，通过湿度监测提升的燃烧效率达 3%～5%。这些应用均充分发挥了陶瓷传感器耐高温、抗污染和可重复加热清洗的独特优势。

在海洋监测领域，陶瓷湿度传感器展现出不可替代的技术价值。针对高盐雾、高湿度的海洋环境，专门开发的 TiO_2-V_2O_5 复合传感器采用特殊疏水涂层处理，可有效防止盐分沉积，在相对湿度 95%以上的条件下仍可保持±2% RH 的测量精度。船载气象观测系统中，多孔陶瓷传感器与超声波风速仪集成，实时监测海气界面湿度通量，为台风预报提供关键数据；在深海探测领域，耐压型 Al_2O_3 传感器（耐压深度 6000m）被集成到自主式水下机器人中，通过监测不同水层的湿度变化研究海洋蒸发过程。特别值得注意的是，新一代智能浮标采用具有自清洁功能的 ZnO-Cr_2O_3 传感器，配合卫星通信模块，可实现南海海域湿度场的长期连续观测，数据更新频率达 1 次/min，为研究海气相互作用提供了前所未有的高时空分辨率数据。这些海洋专用传感器均经过特殊封装处理，可在 pH 值 8.1～8.3 的海水环境中持续工作 3 年以上。

本章小结

本章系统地介绍了传感器在海洋环境监测中的核心作用。首先阐述了海洋监测的意义及传感器的分类（如声学、光学、温湿度传感器）。重点分析了三类典型传感器。

① 声波传感器　通过声电转换实现水下目标探测，光纤型声波传感器因抗干扰性强适用于大规模阵列。

② 声学多普勒传感器　基于多普勒频移测量流速，ADCP 可提供剖面流场数据，但需与海流计配合校准。

③ 湿度传感器　利用多孔材料的吸湿特性监测湿度，耐高温、可自清洁，需特殊封装以适应高盐环境。

传感器性能参数（如灵敏度、动态范围）直接影响监测数据质量，需根据应用场景优化选择。未来，智能化、网络化的传感器将推动海洋监测技术的革新。

习题

思考题

1. 对比压电型与光纤型声压传感器的优缺点，说明光纤传感器更适合深海长期监测的原因。

2. 声学多普勒传感器测量流速时，为何需要多组换能器？分析单轴与多轴测量的误差差异。

3. 陶瓷湿度传感器在海洋高盐环境中易受哪些干扰？提出两种改进封装设计的思路。

4. 若设计一个珊瑚礁生态监测系统，需集成哪些传感器？说明选型依据和布放策略。

5. 讨论人工智能算法在声学传感器数据处理中的应用潜力（如噪声过滤、目标识别）。

计算题

某声学多普勒传感器在流速为 0.5m/s 时测得频差 $\Delta f = 200\text{Hz}$，若换能器间距 $S=0.1\text{m}$，求声波在海水中的传播速度 C。

填空题

1. 声呐系统的工作模式分为__________和__________，其中__________不主动发射信号。

2. 光纤光栅声压传感器通过检测__________的漂移来解调声压信号。

3. 声学多普勒传感器的测量精度受__________和__________两个参数的直接影响。

简答题

1. 简述 p-u 法测量质点振速的公式推导过程。

2. 列出陶瓷湿度传感器的三种湿滞特性改善方法。

3. 分析 ADCP 与电磁海流计在浅海流场监测中的协作优势。

第5章 传感器与军事国防

知识导图

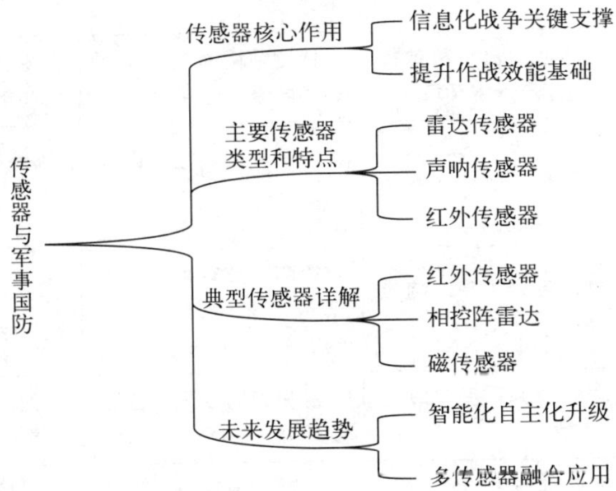

学习目标

1. 理解传感器在军事国防中的核心作用；
2. 掌握军事国防中主要传感器的类型与特点；
3. 展望传感技术的未来发展趋势；
4. 培养分析与应用能力。

5.1 传感器在军事国防中的类型与特点

应用于军事国防的传感器根据探测方式和应用场景的不同，主要可以分为雷达、声呐、红外、激光、光电、磁力、加速度、压力、化学、无线电波、射线、陀螺仪、光纤和视觉等多种类型的传感器。这些传感器在现代战场上扮演着至关重要的角色，广泛应用于目标探测、导航制导、战场监控、环境感知、武器系统控制等领域。各类传感器因其探测原理和技术特点，在不同的环境中展现出独特的优缺点，通常需要根据作战需求进行综合部署与优化组合，以确保军事行动的精确性和高效性。

传感器在军事国防中具有举足轻重的地位，它们为现代化战争的情报搜集、指挥控制、战场态势感知和武器系统的精准打击提供了强大的技术支持。不同类型传感器的优缺点以及应用场景见表 5-1。

表 5-1 不同类型传感器的优缺点以及应用场景

传感器类型	优点	缺点	应用场景
雷达传感器	远距离探测、全天候工作、抗干扰能力强	易被探测、能耗较高、复杂环境下精度下降	侦察、监视、目标跟踪、反导系统
声呐传感器	在水下环境中具有高效探测能力，适用于深水环境	探测范围有限、浅水环境中受干扰较大	潜艇探测、水下通信、海军防御
红外传感器	能够在夜间或恶劣天气条件下探测目标、被动探测不易被发现	探测距离有限、易受热源干扰	导弹制导、夜视系统、敌方车辆及人员探测
激光传感器	高精度、高分辨率、响应速度快	探测距离有限、对天气条件敏感（如雾、烟）	激光制导武器、无人机测距、目标定位
光电传感器	具备高分辨率、多波段成像、隐蔽性强	探测距离受限、容易受环境光干扰	无人机侦察、精确制导、卫星成像
磁传感器	对金属物体探测能力强、无需视距探测	探测范围较小、对环境中电磁干扰敏感	船只、车辆、航空器的磁性目标探测
加速度传感器	结构简单、低成本、低功耗	容易受振动和噪声干扰	导弹姿态控制、飞行器导航、弹道计算
压力传感器	高灵敏度、可用于检测微小压力变化	对温度变化较敏感、可能需要频繁校准	潜艇深度测量、航空器高度检测、导弹发射控制
化学传感器	高灵敏度、能探测微量化学物质	可能受温度、湿度影响较大	生化武器检测、有毒气体探测、环境监控
无线电波传感器	探测范围广、无需视距，适用于各种恶劣环境	容易受到其他电子设备干扰	通信监控、战场感知、无人机或导弹通信中继
射线传感器	能够穿透厚实障碍物、探测隐蔽目标	受射线危害限制使用场景、设备成本高	辐射探测、核材料检测、边界监控
激光陀螺仪	高精度、稳定性好、抗干扰能力强	成本较高、复杂环境中可能出现漂移	导弹导航、飞行器姿态控制、精确制导
光纤传感器	对电磁干扰不敏感、轻量化、隐蔽性好	造价较高、布线复杂	潜艇通信、边境监控、舰艇状态监控

续表

传感器类型	优点	缺点	应用场景
视觉传感器	多功能、成像信息丰富、适合精确目标识别	容易受环境光干扰、处理速度较慢	无人机侦察、目标识别、导弹制导
温度传感器	灵敏度高、反应迅速	对温度过敏感，容易受环境变化影响	弹药储存监控、设备温度监控、防火探测

5.2 红外传感器

红外传感器是一种利用红外线的物理性质进行探测的器件或装置。红外辐射是不可见光谱中的一部分，通常由物体的自身热能转换并向外释放。根据红外线的特性，红外传感器可以分为主动式和被动式两类。主动式红外传感器通过发射红外光束并检测反射光来感知物体，而被动式红外传感器则探测周围环境中的红外辐射，例如常见的热电红外传感器。随着科学技术的发展，红外传感技术正在向各个领域渗透，特别是在测量、家用电器、军事国防等方面得到了广泛的应用。近年来，性能优良的红外器件大量出现。以大规模集成电路为代表的微电子技术的发展，使红外线的发射、接收以及控制的可靠性得以提高，从而促进了红外传感器的迅速发展。

5.2.1 结构

红外传感器一般是由光学系统、探测器、信号处理电路和显示单元等几部分组成。其中，红外探测器是红外传感器的核心器件。红外探测器种类很多，按探测原理的不同，通常可以分为两大类：热探测器和光子探测器。二者的主要区别是：光子探测器在吸收红外能量后，直接产生光电效应；热探测器在吸收红外能量后，产生温度变化，从而产生电效应，温度变化引起的电效应与材料特性有关。

热探测器主要有 4 种类型，它们分别是热敏电阻型、热电偶型、高莱气动型和热释电型。热探测器的工作原理是：入射红外辐射引起探测器敏感元器件的温度变化，进而使其有关物理参数发生相应的变化，再通过测量该物理参数的变化量，即可确定红外探测器所吸收的红外辐射的强度或能量。热探测器的主要优点是响应波段宽，响应范围为整个红外区域，室温下可工作，使用方便。但是，热探测器响应时间长，灵敏度较低。因此，热探测器一般用于红外辐射变化比较缓慢的场合。

5.2.2 原理

所谓“红外辐射”，也称为“红外线”或“红外光”，最早是英籍德国物理学家、恒星天文学之父威廉·赫歇尔（F. W. Herschel，1738—1822）在 1800 年发现的。当时他为了解决观测太阳时阳光过强过热的问题寻找合适的滤光片，采用牛顿（I. Newton，1642—1727）的方法用棱镜得到太阳光谱，并对其中各色光的热效应进行研究，结果意外地发现在红光外侧部分仍有很强的热效应，他认为存在一种不可见的射线，并称其为“热射线”。1834 年，意大利科学家梅隆尼（M. Melloni，1798—1854）发现热射线传播时与光非常类似，也会发生反射、折射、衍射甚至偏振等现象，次年法国科学家安培（A. Ampère，1775—1836）也发现了热射线的这些性质，并认识到它和光本质上是一种东西，只是波长比红光更长，所以命名为红外线。

随着物理学的发展，在麦克斯韦（J. C. Maxwell，1831—1879）电磁理论建立以后，人们认识到电磁波的存在和光的电磁波本性，才知道红外线是一种波长在 0.75～1000μm，但上限并不很确定的电磁波，在整个电磁波谱中处于可见光和微波波段之间。在光谱学等不同学科中，出于不同的研究目的，对红外线的波长分段有不同的划分方法，但在红外技术领域中，考虑到红外线的大气传输特性及应用的方便，通常将其划分为近红外（0.75～3mm）、中红外（3～6μm）、远红外（6～15μm）、极远红外（15～1000mm）等四个波段。电磁波及红外波段划分如图 5-1 所示。

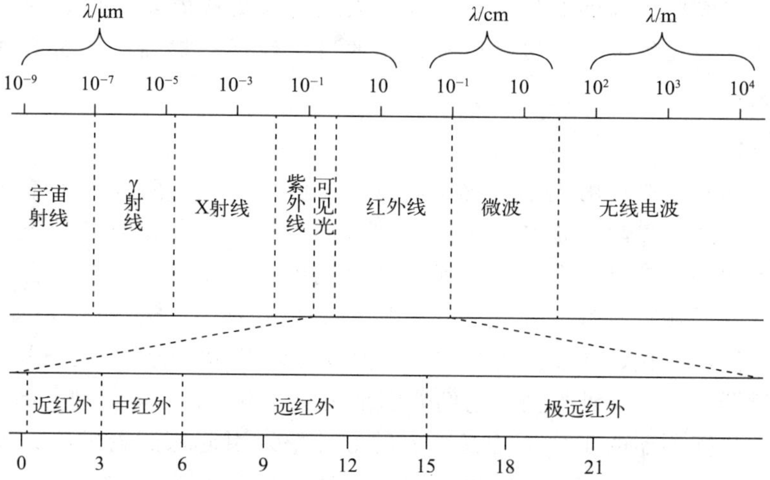

图 5-1　电磁波谱图

另一方面，在基尔霍夫（G. R. Kirchhoff，1824—1887）、维恩（W. Wien，1864—1928）、普朗克（M. Planck，1858—1947）等人的努力下，人们建立了热辐射的基本定律，并在此基础上认识了光（包括红外线）的波粒二象性。对热辐射本性的深入认识和其对规律的定量研究，为红外科学和技术的发展奠定了理论基础。红外辐射的基本定律如下。

（1）基尔霍夫（Kirchhoff）定律

物体在向周围发射红外辐射时，同时也吸收周围物体发射的红外辐射能，在一定温度下，当与外界的辐射处于热平衡状态时，单位时间内单位面积发射的辐射能 E_R 为：

$$E_R = \alpha E_0 \tag{5-1}$$

式中，α 为物体的吸收系数；E_0 为常数，表示绝对黑体在相同条件下的发射本领。

（2）斯特藩-玻尔兹曼（Stefan - Boltzmannn）定律

物体温度越高，向外辐射的能量越多，单位时间内其单位面积辐射的总能量 E_R 为：

$$E_R = \sigma \varepsilon T^4 \tag{5-2}$$

式中，T 为物体的绝对温度，K；σ 为 Stefan - Boltzmannn 常数，$\sigma = 5.67 \times 10^{-8}\,\mathrm{W/(m^2 \cdot K^4)}$；$\varepsilon$ 为比辐射率，黑体的 $\varepsilon = 1$，一般物体的 $\varepsilon < 1$。

（3）维恩（Wien）位移定律

红外辐射的电磁波中，包含着各种波长，其辐射能谱峰值波长 λ_m（单位：μm）与物体自身的温度 T 成反比，即：

$$\lambda_m = \frac{2898}{T} \tag{5-3}$$

由式中可以看出，随着温度 T 升高，其峰值波长向短波方向移动，在温度不是很高（2000K）的情况下，其峰值辐射波长在红外区域。

5.2.3 性能参数

红外探测器的性能参数是衡量其性能好坏的依据。红外探测器是一种能量转换器件，影响其性能的参数很多，也很复杂。但是为了正确选择和应用红外探测器，掌握和了解这些参数是十分必要的。下面介绍一些主要的性能参数。

（1）电压响应率 R

当（经过调制的）红外辐射照射到探测器的敏感元件上时，探测器的输出电压与输入红外辐射功率之比，叫作探测器的电压响应率，记作 R_V，单位为 V/W。

$$R_V = \frac{U_s}{P_0 A} \tag{5-4}$$

式中，U_s 为红外探测器的输出电压，V；P_0 为投射到红外敏感元件单位面积上的功率，$\mathrm{W/cm^2}$；A 为红外探测器敏感元件的面积，$\mathrm{cm^2}$。

用电压响应率来衡量红外探测器，应用起来比较直观和方便。但不同的探测器进行比较时，应注意它们的测试条件。

（2）响应波长范围

响应波长范围（或称光谱响应），是表示红外探测器的电压响应率与入射的红外辐射波长之间的关系，如图 5-2 所示。由于热探测器的电压响应率与波长无关，它的响应曲线是一条平行于横坐标（波长）的直线，如图中曲线 1 所示。而光子探测器的电压响应率是波长的函数，如图 5-2 中曲线 2 所示。一般将响应率最大值所对应的波长称为峰值波长（λ_m），而把响应率下降到响应值的一半所对应的波长称为截止波长（λ_c），它给出了红外探测器使用的波长范围。

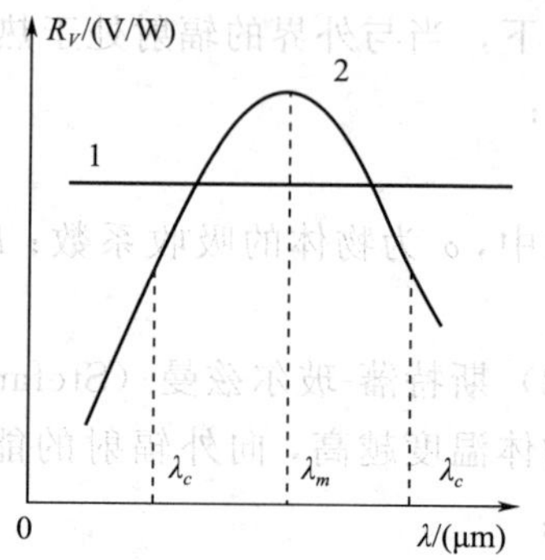

图 5-2　红外传感器的电压响应率曲线

1—热探测器　2—光子探测器

（3）噪声等效功率

如果照射到红外探测器敏感元件上的辐射功率所产生的输出电压正好等于探测器本身的噪声电压，则这个辐射功率就叫作“噪声等效功率”。意思是说，它对红外探测器所产生的效果与噪声相同，通常用符号“NEP”表示。

$$\mathrm{NEP}=\frac{\dfrac{P_0}{A_0}}{\dfrac{U_s}{U_N}}=\frac{U_N}{R_v} \tag{5-5}$$

式中，P_0 为投射到探测器敏感元件单位面积上的辐射功率，$\mathrm{W/cm^2}$；A_0 为红外探测器敏感元件的面积，$\mathrm{cm^2}$；U_N 为红外探测器的综合噪声电压，V；R_v 为红外探测器的电压响应率，V/W。

噪声等效功率是信噪比为 1 的红外探测器探测到的最小辐射功率，其值越小，探测器所能探测到的辐射功率越小，探测器越灵敏。

（4）探测率

探测率是噪声等效功率的倒数，即：

$$D=\frac{1}{\mathrm{NEP}}=\frac{R_v}{U_N} \tag{5-6}$$

红外探测器的探测率越高，表明探测器所能探测到的最小辐射功率越小，探测器就越灵敏。

（5）时间常数

时间常数表示红外探测器的输出信号随入射红外辐射变化的速率。在一般情况下，当红外辐射突然照射或消失时，红外探测器的输出信号不会马上达到最大值或下降为零，而是要经过一段时间以后，才能达到最大值或降为零。把当红外探测器的输出上升到最终稳态值的 63.2％时所需要的时间称为红外探测器的时间常数。时间常数也可由下式求出：

$$\tau=\frac{1}{2}\pi f_c \tag{5-7}$$

式中，f_c 为幅频特性下降到最大值的 0.707（3dB）时的调制频率。

热探测器的热惯性和 RC 参数值较大，其时间常数大于光子探测器，一般 τ 为毫秒或更长，而光子探测器的时间常数一般为微秒级，如锗掺汞的 τ 为 10^{-6}s，碲

镉汞的 τ 为 10^{-9}s。

(6) 比探测率

比探测率又称归一化探测率，也叫探测灵敏度。实质上就是当探测器的敏感元件面积为单位面积（$A_0=1\text{cm}^2$），放大器的带宽 Δf 为1Hz时，单位功率的辐射所获得的信号电压与噪声电压之比，通常用符号 D^* 表示。

$$D^*=\frac{1}{\text{NEP}}\sqrt{A_0\Delta f}=D\sqrt{A_0\Delta f}=\left(\frac{R_v}{U_N}\right)\sqrt{A_0\Delta f} \tag{5-8}$$

由式可知，比探测率与探测器的敏感元件面积和放大器的带宽无关。当要对不同的探测器性能进行对比时，选用比探测率就比较方便。在一般情况下，D^* 越高，探测器的灵敏度越高，性能就越好。

5.2.4 应用

所谓制导，是指利用各种技术手段控制导弹的飞行方向、姿态、高度和速度，引导其准确命中目标的过程。制导技术按控制导引方式的不同，可分为自主制导（弹上制导系统按照预先拟定的飞行方案引导导弹飞行，无须与指挥站及目标进行任何联系）、遥控制导（由弹外的制导站发出遥控信号控制导弹飞行）、卫星制导（利用GPS、“北斗”之类的卫星定位系统引导导弹飞行）和寻的制导（利用弹上设备接收目标发出或反射的信号来引导导弹飞行，又叫自动导引制导）等，其中寻的制导又可以分为主动式（弹上的装置发射信号照射目标，并接收反射信号引导飞行）、半主动式（弹外装置发射信号照射目标，导弹导引头接收反射信号引导飞行）、被动式（导弹导引头接收目标本身发出的辐射信号并用以引导飞行）制导。按所用信号的波段和物理特性，又可以分为雷达制导、电视制导、红外制导、激光制导等。另外，无论按导引方式来说，还是按工作波段来说，都可以在导弹飞行的不同阶段分别或同时采用多种制导手段，称为复合制导。采用多种工作波段制导的，又称为多模制导。

红外技术用于制导，通常是用在遥控制导和寻的制导中。由于红外辐射的具体特性，红外寻的制导通常采取被动式或半主动式，即利用目标本身发射的红外辐射信号，或者利用弹外红外辐射装置照射目标后的反射红外信号，来引导飞弹飞行并命中目标，大致可分为非成像红外制导和成像红外制导。另外，红外激光制导也可纳入红外制导的范畴。

红外成像制导系统根据所探测目标与背景之间不同的热辐射效率，利用红外探测器描绘出温差图像，来实现对目标的识别与追踪。即其弹上探测器实为一种红外摄像头，探测时将目标按扩展源处理，摄取目标及背景的红外信息得到数字化图像，经图像处理和图像识别后，区分出目标、背景，识别出要攻击的目标，跟踪处理器按预定方式跟踪目标图像，并把误差信号送到摄像头跟踪系统，导弹控制系统控制摄像头继续瞄准目标，同时通过弹上的飞行控制机构控制导弹的飞行姿态，使导弹飞向选定的目标。系统框图如图5-3所示。

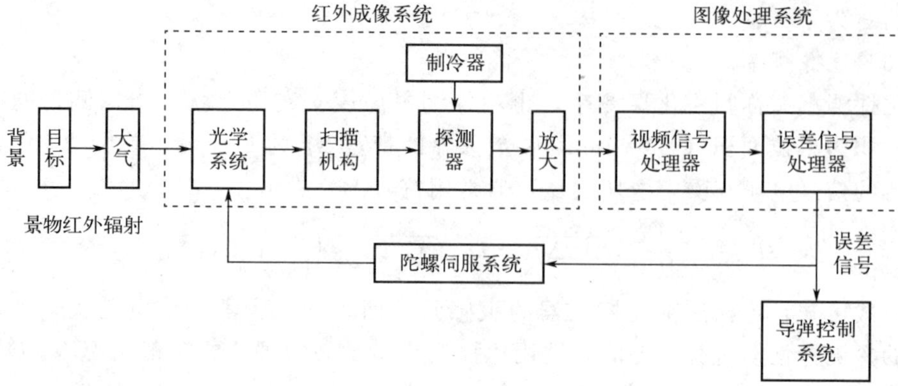

图 5-3 红外制导系统框图

红外成像制导导弹于20世纪70年代开始研制，当时多采用多元线列探测器和旋转光机扫描器相结合的方法，实现探测器对空间二维图像的读取，采用并扫或串并扫扫描体制。新一代型号则去掉了光机扫描红外器件，而采用扫描或凝视红外焦平面器件。前者以美国AGM-65D/F幼畜空地（空舰）、AIM-132空空及远程攻击型AGM-84E斯拉姆（SLAM）等导弹为典型代表，这些型号曾在海湾战争中大显身手。后者则以美国的“坦克破坏者”（Tank Breaker）、欧洲的ASRAAM、美国“响尾蛇”后续型AIM-9X、以色列的“怪蛇”-4/5、法国麦卡空空导弹等为代表。其中“响尾蛇”AIM-9X空空导弹是美国海、空军于1992年开始研制的“响尾蛇”AIM-9L/M后续型导弹，2002年才开始装备部队，采用128×128单元、3～5μm波段的凝视红外成像焦平面阵列导引头和低成本微型信号处理电子技术，具有在发射之前锁定目标和发射后自主制导的能力，并可与国际视觉系统公司的联合头盔指示系统（JHMCS）联用显示由雷达等传感器探测到的目标信息和导弹导引头信息，该型导弹正处于初期生产阶段。

与其他导引方式如雷达、可见光制导及红外点源寻的制导相比，红外热成像制导不但适应性强、可准全天候作战，而且具有较强的探测灵敏度、制导精度和抗干扰能力。

红外传感器在制导系统中主要通过捕捉目标的红外辐射，帮助系统实现自动跟踪、识别和精确打击。它在现代军事武器和航空航天器中的广泛应用，提升了战术能力和作战效率，同时在低能见度、复杂环境下表现出色。

5.3 相控阵雷达

5.3.1 结构

相控阵雷达是一种使用多个天线单元并利用改变天线信号的相位来实现波束的电子扫描的雷达系统。相控阵雷达具有扫描速度快、方向性强、分辨率高等优点，因此被广泛应用于航空航天、军事和民用领域。

相控阵雷达的天线阵面由多个辐射单元和接收单元（称为阵元）组成，单元数目和雷达的功能有关，从几百个到几万个不等。这些单元规则地排列在平面上，构成阵列天线。利用电磁波相干原理，通过计算机控制馈往各辐射单元电流的相位，就可以改变波束的方向进行扫描，故称为电扫描。辐射单元把接收到的回波信号送入主机，完成雷达对目标的搜索、跟踪和测量。每个天线单元除了有天线振子之外，还有移相器等必须的器件。不同的振子通过移相器可以被馈入不同相位的电流，从而在空间辐射出不同方向的波束。天线的单元数目越多，则波束在空间可能的方位就越多。这种雷达的工作基础是相位可控的阵列天线，“相控阵”由此得名。

相控阵雷达分为有源相控阵雷达和无源相控阵雷达。有源相控阵雷达和无源相控阵雷达的区别是无源无独立发射能力而有源的每个阵元都有完整的发射和接收单元。

5.3.2 原理

相控阵雷达通过电子扫描技术控制天线阵列中的各个单元，调整电磁波的相位，从而改变波束的方向和形状，无需机械转动天线。其工作原理依赖大量独立的天线单元，这些单元通过相位差形成定向波束，并能够快速在不同方向之间切换，实现多目标探测与跟踪。有源相控阵雷达（AESA）中的每个单元配备独立的发射和接收模块，从而能够提供更灵活的功率控制和抗干扰能力。通过频率调制和快速波束扫描，相控阵雷达不仅具备极高的探测精度，还在复杂的电子战环境中表现出色，从而提升了系统的隐蔽性和作战效能。

从功能的角度进行划分，机载有源相控阵火控雷达的组成可以分为有源相控阵天线、天线电源、低功率射频和处理机。在实际雷达设计中，机载有源相控阵雷达的划分和组成受到多种因素的影响，包括功能划分、重量体积限制、维护保养限制以及航电系统综合等。

（1）有源相控阵天线

承担了传统脉冲多普勒雷达中天线、发射机和接收机前端的功能。具体来说，除了传统雷达天线具有的波束形成和波束扫描功能外，有源相控阵天线的功能还包含发射信号功率放大和接收信号低噪声放大。

（2）天线电源

天线电源为有源相控阵天线提供大功率低压电源。有源相控阵天线是一个耗电大户，其大占空比状态的耗电量，依 T/R 数量的不同通常在 10～30kW 范围内。因此需要为有源相控阵天线配置一个专门的电源分配系统，为其提供电源支持。

（3）低功率射频

有源相控阵雷达低功率射频单元的功能与脉冲多普勒雷达低功率射频单元的功能基本相同，主要包括：激励器/频综器功能，发射上变频链路，接收下变频链路，A/D 转换，定时器时序控制。

虽然功能基本不变，但有源相控阵雷达往往对低功率射频单元提出了更高的指标要求，包括更大的工作带宽、更大的接收动态范围、更低的相位噪声、更加复杂的波形、更多的接收下变频通道、更高的 A/D 采样率等。

(4) 处理机

与脉冲多普勒雷达相同，有源相控阵雷达的处理机的主要功能仍然包括数字信号处理、数据处理和雷达控制三大部分。但有源相控阵雷达往往会对处理机提出更高的性能要求，主要是引入更加复杂的算法，例如更多通路的并行信号处理、同时多功能处理以及空时自适应处理等。

其中，有源相控阵天线的基本组成主要包括辐射阵列、收发（T/R）组件阵列、冷却结构、馈电与波束形成网络、波控机、供电网络和驱动功放组件等。图 5-4 给出了有源相控阵天线的基本组成框图。

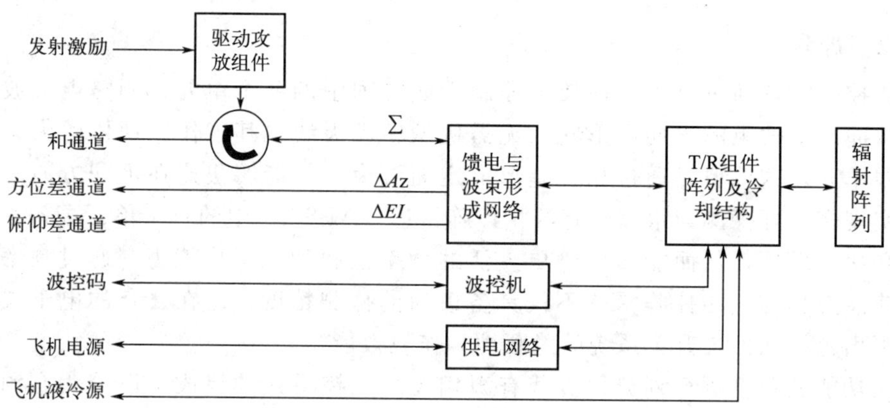

图 5-4　有源相控阵天线的基本组成框图

在有源相控阵雷达系统中，有源相控阵天线的基本功能是完成雷达系统电磁波信号的发射和接收，并快捷而精确地实现波束的转换（包括空域扫描和波束捷变等）；主要功能包括对发射激励信号的放大与辐射，对目标回波的接收与放大，波束赋形和波束指向控制，发射功率控制，系统校准注入和机内检测（BIT）等。

有源相控阵天线工作在发射状态时，通常由频率综合器输出射频（RF）发射激励信号，由驱动功放组件放大到阵列所需的 RF 驱动功率，经环行器送至馈电与波束形成网络，再经该网络将射频信号分别馈给 T/R 组件阵列的每一个 T/R 组件；T/R 组件按照波控机发出的移相、加权指令对 RF 信号进行移相及适当加权，后经 T/R 组件内发射通道进行最后的功率放大送至天线的辐射单元，最后由辐射单元将 RF 信号向空间辐射出去。由于有源相控阵天线 T/R 组件中高功率放大器的输出端与辐射器近距离相连并向空间辐射信号，没有无源相控阵天线中功率分配网络传输信号引入的损耗，从而大大降低了射频高功率信号的传输损失。

有源相控阵天线工作在接收状态时，辐射阵列接收空间的射频信号，通过 T/R 组件内部的低噪声放大、移相与幅度加权后送至馈电与波束形成网络，输出和（Σ）信号、方位差（ ΔAz ）信号和俯仰差（ ΔEI ）信号等，其中和信号经放大后由环行器送至接收机和通道，方位差信号和俯仰差信号经放大后分别送至接收机的方位差通道和俯仰差通道，接收下变频处理后得到的回波基带信号，然后送至雷达处理单元完成相应的信号处理和数据处理。

有源相控阵天线通常还为校准状态下的雷达系统提供系统校准（CAL）信号的注入和分配。有源相控阵天线通常具备 BIT 功能，能实现对 T/R 组件接收、发射的自检，可将故障隔离到单个 T/R 组件。

阵列天线有两种基本形式：一种称为线阵列，如图 5-5 所示，所有单元都排列在一条直线上；另一种称为面阵列，辐射单元排列在一个平面上，通常是一个平面。

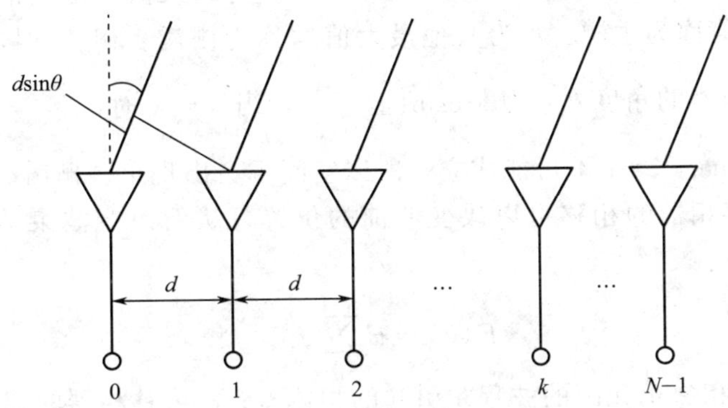

图 5-5　线阵列天线的示意图

天线两振源之间的间距为 d，目标在相对于阵轴法线的 θ 方向上，相邻两振源回波相位差为 ψ，则波程差为 $d\sin\theta$，由波程差引起的相位差为：

$$\psi=\frac{2\pi}{\lambda}d\sin\theta \tag{5-9}$$

式中，λ 为接收信号的波长；θ 表示波的传播方向。则 N 个阵元在 θ 方向远区某一点辐射场强的矢量和为：

$$\boldsymbol{E}(\theta)=\sum_{k=0}^{N-1}\boldsymbol{E}_k\mathrm{e}^{\mathrm{j}k\psi}=\boldsymbol{E}\sum_{k=0}^{N-1}\mathrm{e}^{\mathrm{j}k\psi} \tag{5-10}$$

式中，$\boldsymbol{E}_k$ 为各阵元在远区的辐射场强；当 $\boldsymbol{E}_k$ 均等于 $\boldsymbol{E}$ 时后一等式才成立。

方向图是表征天线产生电磁场及其能量空间分布的一个性能参数。天线的辐射特性可以用场强（或功率）方向图、相位方向图和极化方向图三者来完整地描述。根据等比数列求和公式及欧拉公式，上式可以写成：

$$E(\theta)=E\frac{e^{jN\psi}-1}{e^{j\psi}-1}=E\frac{\sin\left(\frac{N\psi}{2}\right)}{\sin\left(\frac{\psi}{2}\right)}e^{j\frac{N-1}{2}\psi} \tag{5-11}$$

将上式取绝对值并归一化后得各向同性单元阵列的归一化场强方向图 $F_a=(\theta)$ 为：

$$F_a(\theta)=\frac{|E(\theta)|}{|E_{\max}(\theta)|}=\frac{\sin[\pi N(d/\lambda)\sin\theta]}{N\sin[\pi(d/\lambda)\sin\theta]} \tag{5-12}$$

当各个阵元不是无方向性的，其阵元场强方向图为 $F(0)$ 时，则阵列的场强方向图变为下式，即阵列天线的方向图乘积定理：

$$F(\theta)=F_a(\theta)F_e(\theta) \tag{5-13}$$

当 $\pi N\left(\frac{d}{\lambda}\right)\sin\theta=0$，$\pm\pi$，$\pm 2\pi$，…，$\pm n\pi$ 时，$F_a(\theta)$ 的分子为 0，当 $\sin\theta=\pm n\pi/d$，$n=0$，1，2，3，…时，$F_a(\theta)$ 为最大值，最大值都等于 N。在 $n=0$ 时的最大值称为主瓣，n 为其他最大值均称为栅瓣。栅瓣间隔是阵元间隔和波长的函数。栅瓣的角度 θ_{GL} 为 $\arcsin\left(\pm\frac{n\lambda}{d}\right)$，当 $d=\lambda$ 时，$\theta_{GL}=90°$。当 $d/\lambda=0.5$ 时，由于 $\sin\theta_{GL}>1$ 不可能成立，所以空间不会出现第一栅瓣。

控制各种移相器的相移可以改变波前的位置，从而改变波束的指向，达到扫描的目的。此时：

$$E(\theta)=E\sum_{k=0}^{N-1}e^{jk\psi-\varphi} \tag{5-14}$$

式中，ψ 为相邻单元间的波程差引起的相位差；φ 为移相器的相移量。令：

$$\varphi=2\pi\left(\frac{d}{\lambda}\right)\sin\theta_0 \tag{5-15}$$

则对于各向同性单元阵列，扫描时的场强方向图为：

$$F_a(\theta)=\frac{\sin[\pi N(d/\lambda)(\sin\theta-\sin\theta_0)]}{N\sin[\pi(d/\lambda)(\sin\theta-\sin\theta_0)]} \tag{5-16}$$

由上式可以看出：

① 在 $\theta=\theta_0$ 方向上 $F_a(\theta)=1$，此时主瓣在，且主瓣方向由 $\varphi=2\pi\left(\frac{d}{\lambda}\right)\sin\theta_0$ 决定，只要控制移相器的相移量 φ 就可以控制最大辐射方向 θ_0，从而形成波束扫描；

② 在 $\pi d(\sin\theta-\sin\theta_0)/\lambda=\pm m\pi$ 的 θ 方向（$m=1$，2，3，…），有与主瓣等幅度的栅瓣存在；

③ 波束扫描时，随着 θ_0 增大，波束展宽；

④ 波束扫描时，随着 θ_0 增大，对应天线增益下降。

总之，在波束扫描时，扫描的偏角 θ_0 越大，波束越宽，天线增益越小，因而天线波束性能变差。一般，天线扫描角限制在 60°以内。

5.3.3 性能参数

（1）工作频段

相控阵雷达的工作频率可以根据具体的应用需求进行选择，常见的工作频率包括 X 波段（8～12GHz）、C 波段（4～8GHz）、S 波段（2～4GHz）等不同的频段。电磁波在不同频段具有不同的传播特性和透射性能，需要根据具体应用需求选择适当的工作频率。

机载火控雷达一般选择 X 波段（8～12GHz）作为工作频段。对于机载火控雷达，X 波段提供了多方面的优势，同时也是折中的选择。一方面 X 波段频率较高，孔径较小的机载雷达天线可以得到较高的天线增益和较小的波束宽度，满足探测距离和测角精度的要求；另一方面 X 波段在大气衰减曲线中处于快速上升的前沿，由雨雾天气或大气衰减引发的探测距离损失尚在可承受范围内。

部分机载火控雷达也选用更高的 Ku 波段，因其短波长特性适配天线口径小的设计与作用距离较近的应用中。

机载有源相控阵雷达在选择工作频段时需要关注的因素还包括 T/R 组件的功率、效率和成本。频率越高，T/R 组件的功率和效率往往越差，而 T/R 组件的功率和效率决定了整个雷达的发射功率和电源转换效率。T/R 组件的成本往往占据了整部雷达成本的 1/3～1/2，选择具有最大市场需求频段的 T/R 组件可以大幅降低整部雷达的成本。

（2）天线口径和增益

雷达天线口径增加可以带来天线增益的提高和雷达角分辨率的提高，同时更窄的波束还有利于抗干扰，因此雷达设计师都希望获得尽可能大的天线口径。机载雷达天线的最大口径主要受载机机头安装空间的限制。相对来说，在同样的安装空间内，有源相控阵天线可以获得更大的天线口径。这是因为有源相控阵天线采用固定安装方式，可以安装在位于锥形雷达罩根部的飞机机体安装框上，此处的雷达罩直径是最大的。而机扫天线需要安装在扫描支架上，天线深入到锥形雷达罩的中部，同时需要考虑天线转动增加的空隙要求，因此允许的天线口径相对缩小。

雷达天线口径的增加可以带来众多的好处，但对于有源相控阵天线，口径的增加会导致 T/R 数量的大幅增加，这将直接导致成本、质量的增加和供电、散热需求的增加，因此这是一个需要重点折中考虑的参数。

对于需要考虑隐身设计的飞机，有源相控阵天线需要采用倾斜安装的方式，以减小雷达天线的雷达截面积（RCS）。倾斜安装以及 RCS 的缩减需求也会给有源相控阵天线的口径和外形带来限制。

（3）波束宽度与波束形状

波束宽度是指相控阵雷达的辐射功率在空间中的分布范围，通常用实际辐射功率达到最大值时波束的主瓣宽度来衡量。波束宽度决定了雷达的方位分辨能力，较小的波束宽度可以提供更高的角分辨率，对小尺寸目标的探测和追踪更为精确。

机载火控雷达常用的波束形状是笔状波束，以获得高增益和高角分辨率；在对地、对海探测时也常用俯仰余割平方波束，以尽可能大地获得对地距离覆盖范围并使不同距离的回波强度趋于均衡。

有源相控阵天线的一大优势是可以实现多种波束宽度和波束赋形，以满足不同任务的需要。例如，雷达远距离探测时往往采用高增益的笔状波束，而在近距格斗时可以采用宽波束以快速截获目标。在辅助电子战状态下，也往往采用宽波束加大对空域的覆盖，加快空域搜索速度。有源相控阵雷达还可以采用变波束宽度的方法进行功率孔径积的控制，以满足低截获功率控制的要求。

(4) 发射功率

雷达的发射功率包括峰值功率和平均功率两项。与雷达作用距离直接相关的是平均功率，采用低峰值功率、高平均功率有助于提高雷达的低截获性能。有源相控阵雷达采用分布式的固态功率放大器（T/R 组件），可以实现大功率和大占空比的工作方式，可以获得远大于常规行波管发射机的平均发射功率。

有源相控阵雷达所具有的另一大优势是发射功率控制，不仅可以通过调整占空比实现对平均功率的控制，而且可以实现对峰值功率的控制，而这正是实现低截获所需要的。因此，有关有源相控阵雷达发射功率的技术指标，还包括功率控制范围和控制步进。

5.3.4 应用

机载火控雷达是一种安装在战斗机等军用飞机上的雷达系统，其主要功能是搜索、截获和跟踪空中、地面或水面目标，为机载武器提供瞄准和制导所需的关键信息。这种雷达具有多种特点，包括全天候工作能力、较远的探测距离以及不受气候影响的稳定性。机载火控雷达从最初的简单脉冲体制，发展到脉冲多普勒体制，继而发展到现代的有源相控阵技术。有源相控阵雷达通过电子方式控制波束的指向，代替了传统的机械旋转天线，极大提升了雷达的反应速度和多目标处理能力。有源相控阵火控雷达功能、性能的大幅提升，为作战飞机战术能力的提升和作战方式的改变提供了强大的支持，作战飞机作战方式的改变和战术能力的提升也反过来对机载有源相控阵火控雷达工作方式的改变提出了新的要求。

机载火控雷达最主要的设计目标就是要满足机载火控雷达的作战需求。配装有源相控阵火控雷达的新一代战斗机将面临更加复杂、多变的作战环境；其作战对象包括了空中、地面和海面目标，包括了先进的第四代隐身飞机，包括了同时对多个目标的攻击；作战飞机遂行的作战任务也是复杂多变的，包含了空空、空地和空海作战；飞机对雷达的功能和性能的要求也突破了传统的目标探测、跟踪任务的限制，在多目标跟踪、武器制导和空中电子攻击等方面提出了新的要求。研究机载有源相控阵火控雷达的作战需求是设计有源相控阵火控雷达工作方式的重要一步。

机载火控雷达是战斗机的主要目标传感器之一，传统机载火控雷达的作战任务主要包括以下几个方面。

（1）为飞行员提供态势感知和目标定位信息

战斗机飞行员必须全面细致地了解飞机周围战场的敌我态势，其主要的战场态势感知设备之一就是机载火控雷达。机载火控雷达需要为飞行员提供雷达视野范围内对目标（根据任务的不同，包括空中、地面和海面目标的部分或全部）的搜索和跟踪信息。

（2）为飞行员提供目标的识别信息

机载火控雷达可以依靠自身或配合敌我识别器，对目标的类型或敌我属性进行识别。目标识别是重要的战术需求，正确的目标识别可以大量减少战时对友机的误伤，也能更好地帮助飞行员了解敌我态势信息。

（3）为武器火控系统提供高精度的目标跟踪信息

机载火控雷达是战斗机最主要的火控制导传感器，需要为战斗机的武器制导提供高精度的目标跟踪信息，用于引导和修正武器对目标的瞄准。

（4）为飞行员提供导航信息

机载雷达需要为飞行员提供实时导航信息，如大范围的地图测绘信息、防撞地形信息等。

相控阵雷达已经成为现代战斗机火控系统的核心技术之一，以F-22“猛禽”配备的AN/APG 77、F-35“闪电II”上的AN/APG-81以及欧洲“台风”战斗机的Captor-E AESA雷达为代表，这些雷达系统都展现了其强大的探测、跟踪和打击能力。相控阵雷达能够同时跟踪多个目标，并以极高的分辨率提供精确的目标信息，无论是空对空作战还是空对地打击，都显著提升了作战效能。例如，F-22凭借AN/APG-77的隐身探测和抗干扰能力，能够在复杂的战场环境中保持信息优势，而F-35的AN/APG-81则通过高分辨率的合成孔径雷达图像，确保了对地面目标的精确识别和打击。此外，F-15E“攻击鹰”升级后的AN/APG-82和“台风”的Captor-E，不仅增强了多目标处理能力，还为导弹提供了精确的制导信息，使得战斗机能够在复杂战场环境中无缝掌握态势并做出快速反应。

5.4 磁传感器

5.4.1 结构

磁电式传感器是利用电磁感应原理，将输入运动速度或磁量的变化变换成感应电势输出的传感器。它通常由磁场感应元件（如霍尔元件、磁电阻元件、磁敏电感等磁敏材料）、信号处理器（接收并处理磁场感应元件产生的信号）和输出接口（输出可用电信号）组成。

一般的磁电式传感器不需要辅助电源，就能把被测对象的机械能转换成易于测量的电信号，是一种自源型传感器，有时也称作电动式或感应式传感器。由于它有较大的输出功率，故配用电路较简单。该类传感器同时也具有零位漂移小及性能稳定的特点，工作频带一般为10～1000Hz。磁电式传感器具有双向转换特性，利用其逆转换效应可构成力（矩）发生器和电磁激振器等。

5.4.2 原理

目前，磁传感器的种类繁多，按其机理、作用原理可分为电磁感应式、半导体PN结磁敏特性式、洛伦兹力和霍尔效应式、磁致伸缩效应式、韦根效应式等；按其材料可分为金属材料、半导体材料、磁性材料等；按其结构可分为丝形结构、体形结构、薄膜结构等。

磁通门技术以其低噪声、高灵敏度、小体积、技术成熟度高等综合性能成为磁传感器界的研发热点，并在大地电磁测深、瞬变电磁、地震地磁台网观测、随钻测斜等勘探地球物理领域，舰船消磁、磁异探测、地磁导航等军事领域，卫星姿态检测、深空探测等空间领域得到广泛应用。

如图5-6所示，磁通门多采用平行激磁二次谐波法，外部待测磁场 H_{ext} 与激励磁场 H_0 平行，通过测量感应线圈输出电动势 $u_2(t)$ 中的二次谐波来检测外部待测磁场 H_{ext}。

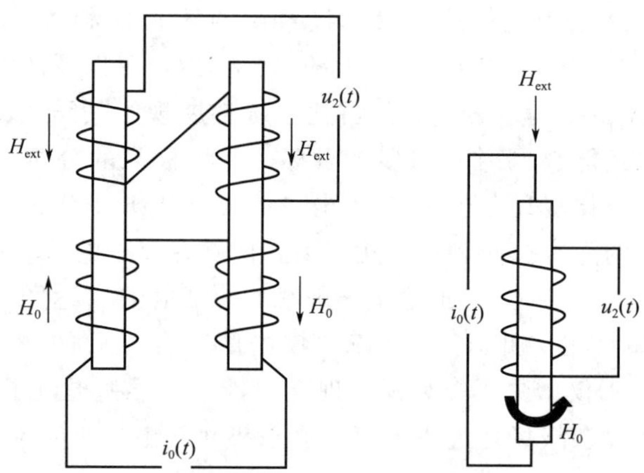

(a)传统平行激励二次谐波方案　　(b)正交基模方案

图5-6　磁通门探头原理示意图

$i_0(t)$ 为激励电流；$u_2(t)$ 为感应电动势

正交基模磁通门传感器区别于传统平行激励二次谐波方案的磁通门技术，采用正交激励方案，即将带有偏置的激励电流直接对磁芯进行激励，周向激励磁场与待测磁场正交，无激励线圈，激励电流为含有直流偏置单极性的交流正弦电流，通过感应线圈拾取载有外部被测磁场信号的基模信号，经放大、相敏检波、积分、低通后获得与外部磁场线性相关的电压信号。带有偏置的单极性激励电流源，大幅抑制了磁芯的巴克豪森噪声，使得正交基模传感器相比传统平行二次谐波方案具有低噪声的优势。正交基模磁通门传感器原理框图如图 5-7 所示，主要由非晶丝磁芯、感应线圈、激励电流源、前置放大器、相敏检波器、积分器、低通滤波器、反馈通道组成。

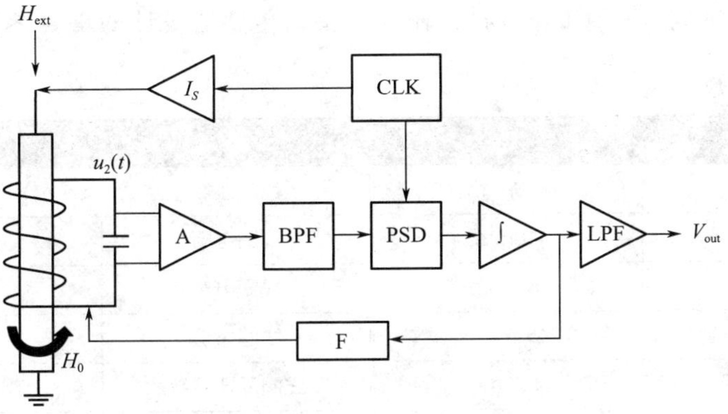

图 5-7　正交基模磁通门传感器原理框图（单轴）

A—前置放大器；BPF—带通滤波器；PSD—相敏检波器；I_S—恒流源；

CLK—时钟源；∫—积分器；LPF—低通滤波器

激励电流源直接对非晶丝磁芯进行激励，沿轴向方向的激励电流产生了圆周方向的激励磁场 H_0，磁芯在激励电流作用下处于周期性深度饱和变化状态，磁芯磁通量的变化引起磁导率的变化，磁导率与激励电流源同频变化，在外部磁场作用下，根据电磁感应定律，感应线圈输出的基模信号被外部待测磁场调幅输出，测量电路完成含有待测磁场的基模信号的放大、相敏检波、积分，实现待测磁场信号的检测。

探头部分由钴基非晶丝材料和感应拾取线圈组成。钴基非晶丝属于软磁材料，主要的合金元素有 Co、Si、Fe 等，具有低矫顽力、高磁导率和良好的磁滞回线等特性。图 5-8 为双线圈 U 形探头，非晶丝直径约 140 μm，长约 5cm。U 形设计有助于减小直流偏置输出和抑制噪声。

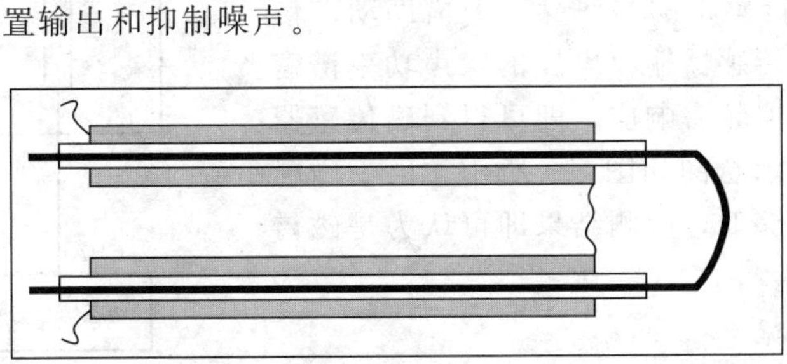

图 5-8　探头结构图

一种典型的正交基模磁通门传感器的制作方法及相关参数如下：线圈相关参数见表 5-2，采用线芯直径 0.08mm 与 0.1mm 两种规格漆包线绕制拾取线圈，均绕 6 层。探头骨架采用 99.5%氧化铝陶瓷管材，双孔直径 0.3mm，非晶丝穿过管孔，呈 U 形，内部和两端用胶固定。由于拾取线圈同时作为反馈线圈使用，估算线圈在 10kHz（探头响应截止频率）频点的感抗，以及线圈反馈系数（每 1mA 反馈电流在线圈轴向上产生的磁场），作为探头与传感器设计的重要参数。

表 5-2　线圈参数

参数	数值	参数	数值
骨架长度	20mm	线圈匝数	1070
线圈长度	18mm	线圈电阻	20 Ω
线圈内径	1.0mm	线圈电感	140μH
线圈外径	2.2mm	线圈感抗	9Ω@10kHz
漆包线直径	0.08mm	线圈反馈系数	74 000nT/mA
线圈层数	6		

单轴磁通门探头正交组装，构成三轴磁通门探头，实现磁场矢量测量。为避免轴间干扰，采取正交非同心结构。在以上探头骨架和线圈基础上，安装三个正交的探头，并使三个感应线圈相互正交。然后采用封装胶进行固定封装，最后将灌封好的探头安装在探头封装壳体中。

5.4.3　性能参数

（1）本底噪声水平

本底噪声水平 e_n 是磁传感器自身的噪声，通常在零磁条件下测量，用噪声功率谱密度表示，常用单位是 W/Hz。

本底噪声水平通常在磁屏蔽室中进行测量，由于磁屏蔽室内部剩余的地球磁场足够低，近似为零磁空间，因此磁场传感器的输入磁场可认为是 0，输出即为传感器的本底噪声。借助动态信号分析仪获得磁传感器输出电压的噪声功率谱密度，去除磁传感器频率响应，即可得到磁传感器本底噪声，测试示意图如图 5-9 所示。由于磁屏蔽室本底噪声足够低，所测结果即可认为是磁传感器的本底噪声。

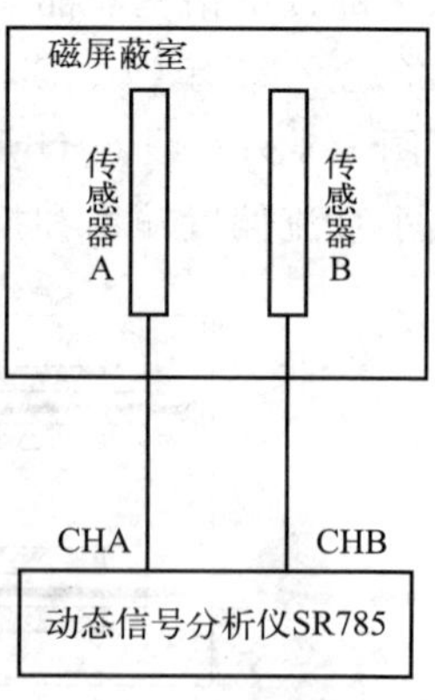

图 5-9　本底噪声水平测试图

（2）工作带宽

工作带宽描述磁传感器对不同频率信号的响应，单位为 Hz。

工作带宽测试获取磁传感器的频率响应，包括幅频响应及相频响应。通常将响应曲线的平坦区间作为磁传感器将磁场信号转换为电信号的灵敏度标定区间，该区间的斜率即为传感器的转换系数（或灵敏度系数）。测试过程如下，利用长直螺线管线圈产生均匀磁场，将待测磁场传感器放入该均匀磁场中，测量磁场传感器的输出电压。根据长直螺线管线圈的参数（长度、匝数）可计算得到线圈常数 K。磁场输入已知，进一步可计算得到传感器灵敏度。通过动态信号分析仪，将磁传感器置于在频率响应模式下，输出信号 V_{out} 经过串联电阻 R 加载至激励线圈上，产生激励磁场 B_{in}，见式（5-17），磁传感器输出电压接入至动态信号分析仪输入端 V_{in}，$H(\omega)$ 为磁传感器频率响应，计算得到 V_{in}/V_{out} 电压增益的幅值及相位，进而计算得到磁传感器的频响 $H(\omega)$。

$$B_{in}(\omega)=K\frac{V_{out}(\omega)}{R} \tag{5-17}$$

$$V_{in}(\omega)=H(\omega)B_{in}(\omega) \tag{5-18}$$

$$H(\omega)=\frac{V_{in}(\omega)}{B_{in}(\omega)}=\frac{V_{in}(\omega)}{V_{out}(\omega)}\times\frac{R}{K} \tag{5-19}$$

（3）灵敏度

灵敏度 S 描述传感器电压对应磁场输入的转换关系，单位为 V/nT。磁灵敏度越高，传感器对微小的磁场变化越敏感。

（4）线性度

线性度 δ 是磁传感器的电压输出与磁场输入的响应非线性度，通常以相对误差的形式表示，其常用单位为 ppm，即为 10^{-6}。线性度作为磁通门传感器的重要指标之一，表示磁传感器的直流测量精度。通常借助标准磁场发生器测量磁传感器电压输出与标准磁场输入之间的非线性度。根据磁传感器量程，由亥姆霍兹线圈产生一组线性分布的磁场激励信号，借助高精度直流万用表同步记录磁传感器的电压输出，根据电压输出与磁场输入，最小二乘拟合获得最大残差，最大残差与量程的比值即为磁传感器的非线性度误差。

舰船磁隐身测量的传感器一般选择磁通门磁场传感器，该类型传感器具有体积小、功耗小、便于携带等优点，并且具备三分量矢量磁场测量能力，适合舰船磁场的海上测量。

舰船及其内部件由铁磁性材料建造而成的部分受地磁场磁化而产生磁性，当舰船航行时或者舱内磁性金属运动部件（曲轴、螺旋桨等）运转时会引起空间磁通的变化而产生感应电磁场。磁性物体运动产生的电场公式如下：

$$\boldsymbol{E}=\boldsymbol{v}\times\boldsymbol{B} \tag{5-20}$$

式中：$\boldsymbol{E}$ 为感应电场；$\boldsymbol{v}$ 为舰船航行速度；$\boldsymbol{B}$ 为磁性物体产生的磁感应强度。

计算式（5-20）可得：

$$E_x=B_z\nu_y-B_y\nu_z \tag{5-21}$$

$$E_y = B_x \nu_z - B_z \nu_x \tag{5-22}$$

$$E_z = B_y \nu_x - B_x \nu_y \tag{5-23}$$

如果磁性物体沿 x 轴方向运动，即：

$$\nu_y = 0 \tag{5-24}$$

$$\nu_z = 0 \tag{5-25}$$

将式（5-24）、式（5-25）代入式（5-22）、式（5-23），可得：

$$E_y = -B_z \nu_x \tag{5-26}$$

$$E_z = B_y \nu_x \tag{5-27}$$

如果令舰船航行速度单位为 m/s，磁感应强度单位为 T，电场强度单位为 V/m，则式（5-27）可转化为：

$$E_y = -B_z \nu_x \tag{5-28}$$

磁性船体运动产生的电场与航速和其自身磁场大小成正比，因此为了减小这种电场，舰船应采用东西向航行方式，使自身受地磁场磁化影响最小。

5.4.4 应用

磁传感器在多个领域有广泛应用。在汽车电子领域，其用于车速测量、踏板位置检测、变速箱位置检测、电机旋转检测、助力扭矩测量、曲轴位置检测、倾角测量、电子导航、防抱死检测、泊车定位、安全气囊与太阳能板缺陷检测、座椅位置记忆等场景，且随着汽车电动化与智能化升级，单车磁传感器用量从燃油车的 30～50 颗跃升至混动/纯电车的 80～100 颗，未来随着新能源车渗透率提升及 ADAS 功能升级，用量有望持续增长。在工业自动化中，磁传感器用于电机控制（如无刷电动机的转子磁极位置传感和定子电枢电流换向）、电力电子技术（如电流传感器监测控制和保护大功率器件）、能源管理（如智能电表计量）、磁信息记录装置（如高灵敏度磁头）、交通控制（如公路车流量监控和停车场车辆停放检测）等。消费电子领域，磁传感器应用于智能手机、笔记本电脑、智能手表等设备的运动检测、方向定位以及 TWS 耳机和 VR 耳机中的 TMR（磁阻效应）校正陀螺仪漂移。医疗设备方面，磁传感器用于呼吸机、输液泵、胰岛素泵、肾脏透析机等的电机控制，以及 MRI（磁共振成像）设备的磁场精确测量。在机器人领域，特斯拉 Optimus Gen-3 机器人通过集成磁编码器实现微米级运动控制，推动微型化与高集成度技术突破。在新能源领域，光伏逆变器对电流检测精度要求提升，TMR 传感器因温度稳定性好、精度高加速替代传统方案；新能源汽车的电池管理系统也使用磁传感器。此外，农业机械、重型设备、家电、公共事业（如燃气、电力、水计量）、可再生能源（如风力涡轮机、太阳能电池板、电动汽车充电站）等领域也广泛应用磁传感器。

随着现代海战的不断发展，舰船的隐身能力成为决定作战成败的关键因素之一。在实际应用中，舰船磁隐身的测量过程通常包括准备阶段、潜艇下水、数据采集、数据分析、改进与优化等环节。

在舰船下水之前，技术团队需要对其磁场特征进行初步测量。首先，选择合适的磁通门传感器，并在实验室中进行校准，以确保其输出信号的准确性。确定测量环境，选择远离其他金属干扰源的区域，以减少外部磁场对测量结果的影响。将舰船放入水中，并在水面附近安装多个磁通门传感器。这些传感器可以在舰船的不同方位和深度进行布置，以全面覆盖舰船周围的磁场变化。将传感器连接到数据采集系统，确保实时监测和记录磁场数据。当舰船开始航行时，磁通门传感器持续监测舰船周围的磁场。传感器会捕捉到舰船产生的磁场扰动，并将其转化为电信号，发送到数据处理系统。同时，将舰船的航行数据（如速度、航向和水深等）与磁场数据结合，能够更准确地分析舰船在不同条件下的磁场特征。收集的数据经过计算机分析处理后，可以使技术团队能够识别出舰船产生的特定磁场模式。这些模式反映了舰船的磁特性，包括磁场强度、方向及变化情况。将测得的磁场数据与目标磁场模型进行比较，分析舰船在不同航行状态下的磁隐身能力，并评估当前设计的隐身效果是否达到预期目标。根据分析结果，技术团队可以识别出舰船在磁隐身方面的不足之处，并提出设计改进方案。例如，可能需要调整舰船的结构设计，选用特定的材料或改变磁场屏蔽系统。在改进后，舰船将再次进行下水测试，利用磁通门传感器重复以上测量过程，以验证改进措施的有效性。

5.5 发展与展望

传感器在国防军事领域的应用不断发展，展望未来充满了潜力和创新。随着技术的不断进步，传感器的种类、功能和智能化水平将显著提升，从而在现代战争中发挥更为重要的作用。

未来的传感器将向智能化和自主化方向发展。通过引入人工智能和机器学习技术，传感器系统将能够自主分析和处理大量数据，从中提取有价值的信息。这种智能化的传感器不仅可以实时监测战场环境，还能通过数据融合与预测分析，提供准确的战场态势感知和决策支持。例如，在无人机和无人作战系统中，智能传感器的应用将使这些设备能够自主执行侦察、监视和攻击任务，提升作战效率和安全性。

同时，随着科学技术的飞速发展，特别是人工智能、物联网和大数据等技术的兴起，多传感器融合的应用将成为推动军事现代化的重要动力。多传感器融合是指对来自不同类型传感器的数据进行整合与分析，以获得更全面、更准确的信息。这种技术能够有效克服单一传感器的局限性，提高目标识别、跟踪和态势感知的能力。在国防领域，采用多传感器融合技术，可以同时利用雷达、红外、光学、声呐和其他传感器的信息，为指挥官提供实时、全面的战场态势。

未来的军事行动将更加依赖对战场态势的全面感知。多传感器融合技术能够整合来自不同平台（如无人机、卫星、地面部队等）的信息，实现对战场环境的实时监控。这种整合不仅可以提供静态的战场地图，还能反映动态的战场变化，帮助指挥官及时调整作战计划。例如，在一场复杂的联合演习中，多传感器融合技术能够实时展示各个作战单元的位置、状态和环境变化，使得指挥官能够在瞬息万变的战场环境中做出快速反应。

多传感器融合技术还将推动各军种之间的协同作战。通过将陆、海、空军的传感器数据进行整合，各军种可以实现信息共享，增强联合作战能力。这种协同作战不仅能提高资源的利用效率，还能增强对复杂战场环境的适应能力。例如，海军舰艇可以通过获取空军侦察机的数据，提前了解潜在的空中威胁，从而采取相应的防御措施。

尽管多传感器融合技术在国防军事领域展现出广阔的应用前景，但在实际部署中仍面临一些挑战。首先，如何有效处理和分析大量异构数据是一个技术难题，这需要高效的算法和强大的计算能力。其次，数据安全和隐私保护也是需要关注的问题，需确保敏感信息不被敌方获取。此外，跨平台、跨军种的数据共享和协同也需要建立相应的标准和协议。

本章小结

军事国防中应用的传感器类型多样，包括雷达、声呐、红外、激光、光电、磁力等，各类型传感器因探测原理不同，在目标探测、导航制导、战场监控等场景中各具优势与局限，需根据作战需求综合部署。其中，红外传感器根据红外辐射特性，分为主动式与被动式，其核心结构包括光学系统、探测器（热探测器/光子探测器）及信号处理电路。其原理基于红外辐射的热效应与光电效应，性能参数涉及响应率、噪声等效功率、探测率等，主要应用于导弹制导（如红外成像制导系统），具备全天候作战、抗干扰能力强等优势。相控阵雷达通过电子扫描控制波束方向，分为有源（AESA）与无源两类。其结构包含天线阵列、T/R 组件、信号处理单元等，原理是依赖电磁波相位控制来实现快速波束扫描。性能参数涵盖工作频段（如 X 波段）、天线口径、波束宽度、发射功率等，广泛应用于机载火控雷达（如 F-22 的 AN/APG-77），可显著提升多目标跟踪与抗干扰能力。磁传感器基于电磁感应等原理，其结构包括磁场感应元件（如霍尔元件）、信号处理器等。典型代表如磁通门传感器，通过正交激励方案检测磁场，其性能参数涉及本底噪声、灵敏度、线性度等。应用覆盖汽车电子、工业自动化、医疗设备等民用领域以及舰船磁隐身测量等军事场景，用于磁场监测与隐身性能评估。未来军事传感器将向智能化、自主化发展，通过 AI 与机器学习实现数据自主分析，提升战场态势感知能力。多传感器融合技术（整合雷达、红外、声呐等多源数据）将成为趋势，该技术可增强目标识别、跟踪与协同作战能力，但同时面临数据处理、安全共享及跨平台协同等挑战。

习题

思考题

1. 军事国防中不同类型传感器（如雷达、红外、磁传感器）各有哪些优缺点？在实际作战中应如何根据任务需求选择合适的传感器类型？

2. 红外传感器中的热探测器与光子探测器在工作原理和应用场景上有何差异？请结合本章节中“5.2 红外传感器”部分内容具体说明。

3. 多传感器融合技术在军事国防领域的应用前景如何？当前面临的主要挑战（如数据处理、跨平台协同等）应如何解决？

选择题

1. 军事国防中，以下哪种传感器在水下探测中具有优势？

A. 雷达传感器

B. 声呐传感器

C. 红外传感器

D. 激光传感器

2. 红外探测器中，热探测器与光子探测器的主要区别在于什么？

A. 响应波段不同

B. 吸收红外能量后的效应类型

C. 工作温度要求

D. 探测距离

3. 有源相控阵雷达与无源相控阵雷达的核心区别是什么？

A. 波束扫描方式

B. 每个阵元是否有独立发射接收模块

C. 工作频段

D. 天线口径大小

填空题

1. 红外传感器的核心器件是__________，其分为热探测器和光子探测器两类。

2. 相控阵雷达通过改变天线信号的__________实现波束的电子扫描。

3. 磁通门传感器在舰船磁隐身测量中，主要用于监测舰船周围的__________变化。

简答题

1. 简述红外成像制导系统的工作原理及其在军事中的优势。

2. 相控阵雷达与传统机械扫描雷达相比，在多目标处理能力上有哪些提升？

3. 磁传感器在工业自动化中的应用主要包括哪些场景？请列举至少 3 项。

4. 多传感器融合技术在军事国防中的应用意义是什么？目前面临哪些挑战？

第6章 航空航天传感器

知识导图

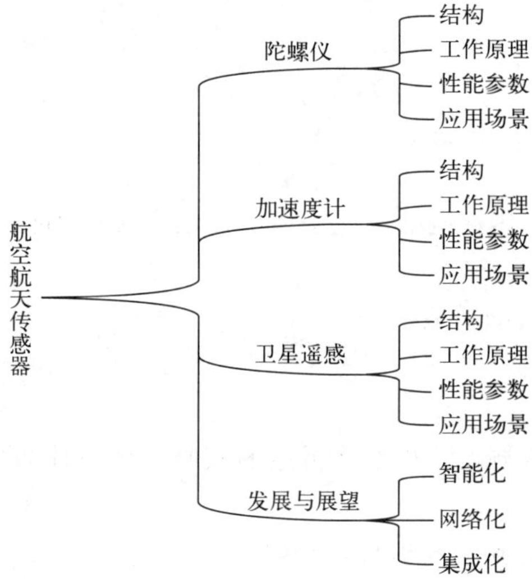

学习目标

1. 学习识别航空航天领域典型传感器，理解其分类依据，明确不同类型传感器的适用场景边界；

2. 理解各类传感器工作原理，包括陀螺仪的惯性敏感机制、加速度计的力-加速度转换逻辑、光学传感器的光电/光机作用过程，能结合原理阐释性能特点；

3. 熟练掌握传感器核心性能参数的定义，明确参数与航空航天任务需求的对应关系，可依据任务精度要求筛选适配的传感器。

6.1 概述

在航空航天领域，传感器被视为系统的“感官”和“神经”，其在确保飞行安全、增强操作性能和完成复杂任务中扮演着至关重要的角色。在现代飞机和航天器中，传感器数量往往达到数百个乃至上千个。这些传感器不仅直接安装在飞行器上，以保障飞行的安全性和稳定性，还广泛应用于各类地面试验和飞行试验中，例如飞机结构强度试验、风洞试验和发动机试验等，以获取关键的性能参数。

航天器的各个关键部位都配备了传感器，以检测和监控其工作状态。这些传感器确保了航天任务的成功，例如，在运载火箭的控制系统、动力系统和遥测系统中，传感器提供了必要的数据支持。在载人航天器中，舱内环境监测传感器对于保障航天员的安全至关重要。例如，美国国际空间站通过高灵敏度的火灾预警传感器，多次避免了潜在的火灾威胁。此外，在航天器进行二次变轨时，高精度压力传感器用于测量燃料罐的压力，这对于控制点火和变轨飞行至关重要。如果传感器的测量精度超差或失效，将可能导致变轨失败。历史上，例如2010年俄罗斯质子M火箭发射的GLONASS-M导航卫星事件，因燃料水平传感器超差造成燃料加注过量，最终导致火箭未能正确入轨，三颗卫星全部失落。这一事件充分展示了传感器在航天器中的关键作用。

随着技术的不断进步，现代飞机和航天器中传感器的种类和数量日益增加，这些传感器的应用不仅限于飞行器本身，还扩展到地面试验和飞行试验，以精确获取航空航天系统的性能参数。接下来，我们将从航空航天传感器的类型及特点、发展现状以及具体的常见传感器几个方面深入探讨传感器在航空航天领域的重要性与应用。

6.2 传感器在航空航天中的类型及特点

航空航天技术的发展离不开先进的传感技术，这些传感器在导航、控制、通信和科学探测等领域提供了关键的数据支持。传感器的种类多样，主要包括温度传感器、压力传感器、加速度计、位置传感器、图像传感器和辐射传感器等。这些传感器作为航空航天测试系统的基本单元，负责测量飞行器及其辅助设备的重要参数，如压力、温度、加速度、速度和位移等。

传感器的性能直接影响到航天器的使用寿命和飞行安全。例如，压力传感器在飞行器发动机中常常处于600～800℃的高温气流环境中，甚至在脉冲爆震发动机中，温度可达1000℃以上。这些传感器对气压的精确监测，对于控制气体和燃料混合比例至关重要，任何测量误差都会增加飞行器出现失控的风险。此外，温度传感器在监测发动机和航天器舱内环境时，必须具备高灵敏度和快速响应能力，以确保实时数据的准确性。随着航空航天技术的进步，传感器在高温、高空和高速条件下的应用日益增加，同时面临着剧烈振动、高压和腐蚀等极端环境的挑战。当前，尽管航空传感器在实验室条件下的校准及性能评价方法已经相对成熟，但针对实际复杂工作环境中的性能评价方法仍显不足。这使得设计人员在选型、验收和使用过程中缺乏必要的参考标准和评价手段，影响了对传感器在实际工作环境下的测量数据的准确性、稳定性和可靠性的判断，从而可能威胁飞行安全。

在航空航天系统中，各类传感器被广泛应用，如表 6-1 所示。例如，美国航天飞机的传感器数量超过 3500 个，而欧空局的 Ariane 5 火箭在研制阶段使用的传感器数量达到 435 个。通常，一次飞行可测量的参数可达 570 个，技术飞行时达到 1100 个。在中国的航天任务中，载人运载火箭的传感器和变送器数量常常超过 600 个，新一代大型运载火箭的传感器数量更是超过 1600 个，均显示出对遥测传感器的巨大需求。经过以北京遥测技术研究所为代表的国内科研院所 60 多年的共同努力，国内航空航天传感器经历了由仿制到自制、由少品种到多品种、由结构型到复合型、由低准确度到高准确度的发展历程，较好地满足了我国快速发展的各重点航天任务的测量需求，并逐步制定了一系列规范和标准，形成了涵盖压力、温度、液位、过载、振动、冲击、角速度、位移、流量、烧蚀、噪声、湿度、应变、风速、气体和辐射等多种测量参数的特种传感器产品系列。特别是在国家超高密度航天任务的推动下，我国在新型 MEMS（微机电系统）智能传感器、极限环境特种传感器、高性能光学传感系统和无线传感网络技术等领域取得了众多国际先进水平的成果，为各类航天任务提供了更全面、更精确的测量服务。同时，随着物联网和人工智能的兴起，未来的航空航天传感器将向智能化、网络化和集成化方向发展，以满足更高的技术要求和应用需求。

表 6-1 航空航天传感器的类型与特点

传感器类型	特点	具体应用
温度传感器	高精度、耐高温，适用于极端环境	发动机温度监测、航天器舱内环境监测
压力传感器	能够在高温和高压环境下工作	火箭燃料罐压力监测、气流压力测量
加速度计	体积小、响应快，能够测量加速度变化	飞行器姿态控制、导弹飞行路径监测
位移传感器	精确测量物体位移，适应恶劣环境	结构强度测试、航天器位置监测
陀螺仪	提供角速度和姿态信息，稳定性高	飞机自动驾驶系统、飞行器导航、姿态控制
卫星遥感	远程监测、实时数据采集	地球资源监测、气候变化研究、自然灾害实时评估
光学传感器	高灵敏度，能够进行非接触式测量	火箭发射监测、卫星图像采集与分析

6.3 国内外航空航天用传感器发展状况

传感器作为获取自然和生产领域中各类信息的主要途径与手段，已经成为国防建设、工业转型升级以及保障和提高人民生活质量等必不可少的基础核心技术和装备。我国“十三五”规划中明确把传感技术列为国家战略发展的重点。工业和信息化部发布的《智能传感器产业三年行动指南（2017-2019 年）》提出要推动基于 MEMS 工艺的新型智能传感器设计技术的研发，提升 MEMS 传感器集成化水平，探索研发具备信息获取、存储、处理、传输、免标定、自补偿、自诊断、自决策等功能的智能传感器，推动传感器由传统的分立器件向先进的数字化、网络化、集成化以及应用创新方向快速发展。目前，在国家政策的支持下，国内传感器市场持续快速增长。

我国传感器产业与国外相比，仍然存在较大的差距。目前在国际传感器市场上始终保持领先地位的是美、德、日、俄等发达国家。在这些传统发达国家，传感器获得了非常广泛的应用，许多传感器企业都实现了年产千万只以上的规模化生产。相比之下，中国传感器公司年产量超过 100 万个的寥寥无几，特别是高、精、尖的传感器产品，几乎全部受制于国外品牌。传感器产业的落后造成当前国家重大装备所需要的高端传感器和智能化仪器仪表很大程度上长期依赖进口，而涉及国家重大型号工程所需的敏感芯片和传感器产品，国外一直采取严格的限制和禁运措施，尤其是近些年来，形势更为严峻。

国内对于实际工作环境下航空传感器性能评价方法的研究还处于起步阶段，大多集中在进行模拟实际工作环境的校准装置研制及采用一定的技术对传感器的某些敏感环境应力进行性能补偿，没有形成完整的传感器性能评价体系，如图 6-1 所示。目前，国内在模拟实际工作环境的传感器校准装置研制及传感器性能补偿技术研究方面已经取得了多方面的进展，但仍然存在一定的局限性。随着飞机的飞行性能、飞行任务的复杂性以及自动化要求的不断提高，飞机上配备的传感器将朝着更加智能化、微型化、集成化、仿生化的方向发展。随着第四次工业革命和物联网发展热潮的到来，传感器将走向无线时代。航空新型 MEMS 传感器和光纤传感器方向同样是国内航空传感器的重点发展方向。

与国内相比，国外在环境模拟技术领域的研究起步早、发展快，形成了比较完善的系统。环境模拟设备和试验技术已经由单参数模拟发展为多参数模拟，从静态模拟发展为动态模拟，从产品试验发展为人机系统环境试验，并且实现了与多门学科和多项技术相关理论和方法的结合。在 20 世纪 60 年代，美国国家航空航天局就已经研发出较为成熟的综合试验系统，用于模拟飞行器发射阶段的复合环境。该试验系统采用振动模拟设备、噪声模拟设备和气压模拟设备提供环境因素，通过与大型离心机舱有机组合，实现了线加速度在振动、噪声、气压复杂环境下的性能测试。美国 Wyle 实验室在 20 世纪 80 年代研制的温度、高度、振动、加速度试验设备，最大加速度可达 $50g$，振动台推力为 4199kN，频率范围为 10～2000Hz，主要用于进行在低气压环境下工作的航空电子装置和其他电子装置的验收试验。

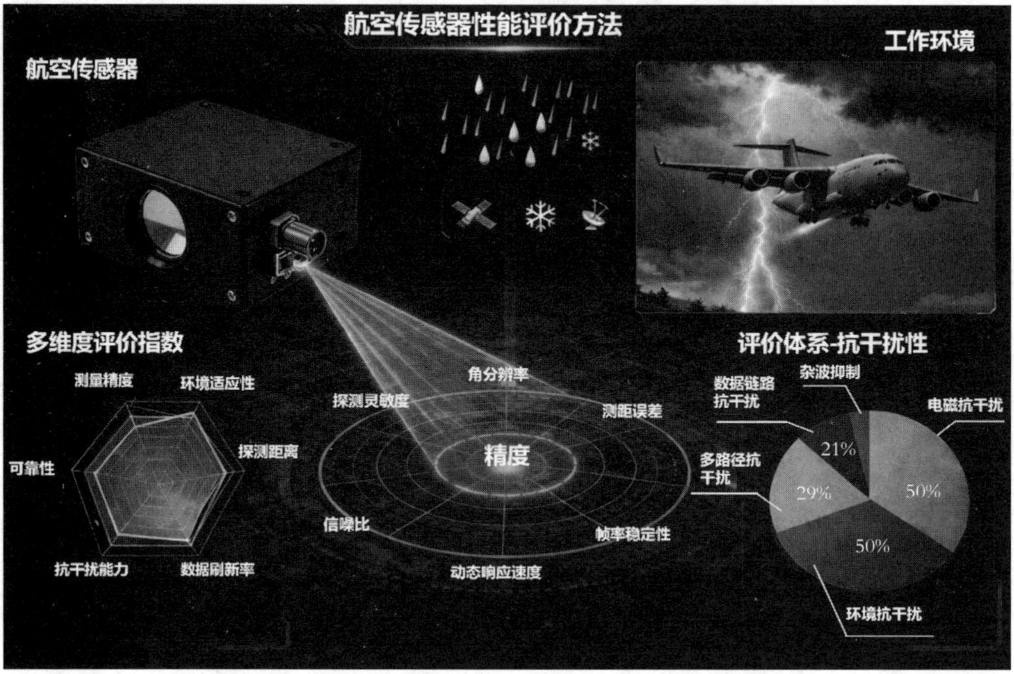

图 6-1 航空传感器性能评价方法

除校准装置的研制以外，国外的传感器生产厂家在传感器产品的性能评价研究方面也更为深入。国内加速度传感器的出厂报告一般只提供产品的量程、频率响应、灵敏度和使用温度范围等性能参数，而国外同类产品的出厂报告，如丹麦B&K公司生产的4384型加速度计，不仅提供基本性能参数，还提供加速度计对环境因素的敏感特性，包括瞬态温场灵敏度、电磁灵敏度、噪声灵敏度、应变灵敏度，如表6-2所示，在−74～250℃温度范围内还给出了加速度计灵敏度偏差量，如图6-2所示。国外的传感器生产厂家对于传感器在环境因素影响下的性能评价给予了关注和重视，且已经拥有环境因素对传感器性能影响的定量分析方法和手段。

表 6-2 加速度计对环境因素的敏感特性

环境因素	灵敏度	环境因素	灵敏度
瞬态温度场	$0.4ms^{-2}$/℃	噪声	$0.01ms^{-2}$
电磁	$4ms^{-2}$/T	应变	$0.02ms^{-2}/\mu\varepsilon$

航天传感器作为军用特种传感器的一个重要分支，因其独特性，从20世纪60年代开始，各研究部门就一直致力于自主研发，并形成了一系列具有自主知识产权的技术成果，因此系统分析航天传感技术发展趋势，对于突破我国传感器产业发展瓶颈和提升自主保障能力具有重要意义。

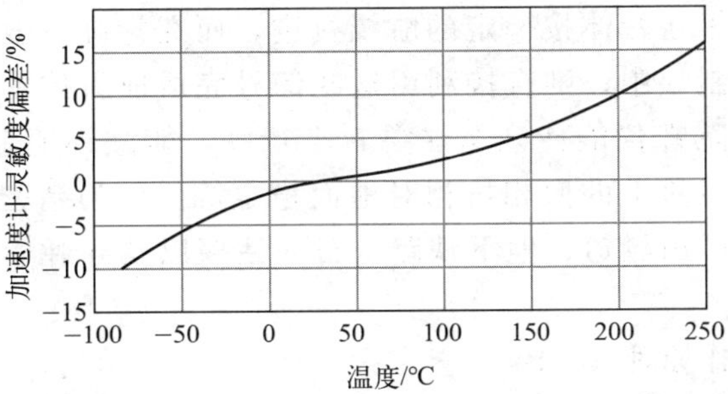

图 6-2　加速度计灵敏度偏差

当前大量的先进传感器的工作机理，本质是对传统传感器机理的进一步迭代与优化。例如，在传统的测量工作中，利用光的直线传播原理来进行长度的测量，而当前已经逐步发展出了利用光自身的散射效应进行油液污染度的测量。这是传统的测量机理得到深入应用的有效体现，使得传统测量方式在现代航空设备中依然可以得到广泛的应用。在量子光学、光电子学以及成像光学技术的快速发展下，光学器件开始应用于传统的传感器领域，在飞机的特种环境监测和生命探测等工作任务中得到了广泛的应用。

传统的传感器测量过程中大量应用了接触式或侵入式的测量方法，这通常会改变被测对象的性质，从而影响测量结果。当前，一些先进的传感技术正朝着非接触、无侵入的方向发展，如基于红外测温和辐射测温等技术原理，能够实现对未接触测量对象的温度测量。现代智能化传感器集成了微处理器，不仅能处理和存储相关信息，还能对测量信息进行逻辑判断和分析。这类传感器具有自标定、自主校正、自主补偿的能力，能自主采集数据并进行初步处理，出现异常时还能自主检验和调整量程。将多个智能传感器组成网络系统，结合微电子、微细加工、无线通信等技术，能够及时将测量信息传送至客户终端，实现传感器的智能系统化发展。另外，多传感器系统综合利用不同性质的传感器，如雷达、光电、声等，形成一体化的综合探测系统网络，能完成目标识别、跟踪等任务。在军用航空装备中，多传感器集成技术已经得到广泛应用，所涉及的传感器包括光电、红外、雷达等。

6.4　常见航空航天传感器介绍

6.4.1　陀螺仪

陀螺仪最早用于航海导航，但随着科学技术的发展，它在航空和航天事业中也得到广泛的应用。陀螺仪不仅可以作为指示仪表，更重要的是它可以作为自动控制系统中的一个敏感元件，即可作为信号传感器。根据需要，陀螺仪能提供准确的方位、水平、位置、速度和加速度等信号，以便驾驶员或自动导航仪控制飞机、舰船或航天器等航行体按一定的航线行进，而在导弹、卫星运载器或空间探测火箭等航行体的制导中，则直接利用这些信号完成航行体的姿态控制和轨道控制。作为稳定器，陀螺仪能使列车在单轨上行驶，能减小船舶在风浪中的摇摆，能使安装在飞机或卫星上的照相机相对地面稳定等。作为精密测试仪器，陀螺仪能够为地面设施、矿山隧道、地下铁路、石油钻探以及导弹发射井等提供准确的方位基准。

（1）结构及工作原理

陀螺仪的基本结构包括陀螺仪框架、转子、旋转轴和万向坐标系，如图 6-3 所示。框架是整个陀螺仪的支撑结构，确保其在各种工作环境中的稳定性。转子是核心部件，通常由高强度材料制成并高速旋转，产生角动量来保持方向。旋转轴是转子围绕其旋转的中心线，通常有三个互相垂直的轴，允许陀螺仪在三维空间中测量物体的姿态变化。万向坐标系则作为参考框架，用于描述陀螺仪的测量结果。结合这些组件，陀螺仪能够精确测量角速度和姿态，为航空航天、导航和机器人等领域提供重要数据支持。而现代航空航天所需要的陀螺仪系统主要包括以下几个部分。

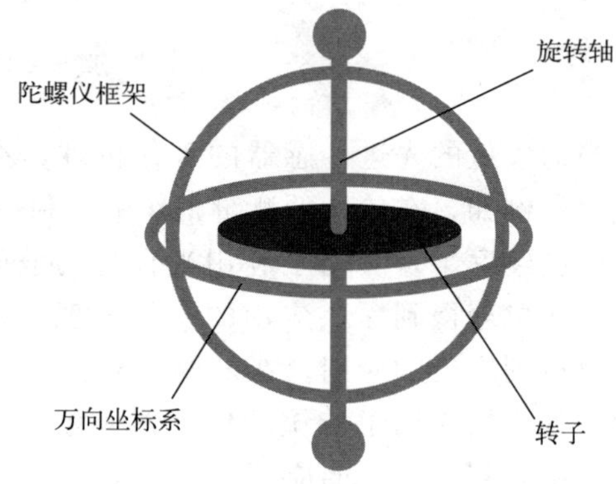

图 6-3　基础陀螺仪结构图

① 传感器单元　作为陀螺仪的核心部分，负责测量角速度。常见的传感器有机械陀螺仪、光纤陀螺仪、微机电系统陀螺仪等。不同类型的陀螺仪具有不同的精度、响应速度和抗干扰能力。

② 信号处理单元　用来接收和处理来自传感器的原始信号，并进行数据滤波、去噪和转换。通常包括模拟和数字信号处理电路，能够提高测量精度和稳定性。

③ 校准和补偿系统　对陀螺仪进行定期校准，补偿温度变化、漂移等因素对测量的影响。确保长期使用过程中传感器的准确性和稳定性。

④ 电源管理单元　为陀螺仪系统提供稳定的电源，确保系统在各种工作条件下正常运行。包括电池管理和电源监测功能，以提高系统的可靠性。

通过上述组成部件的协同工作，陀螺仪就能够准确测量物体的角速度和角位移变化。

陀螺仪的基本工作原理基于牛顿第二定律中的角动量守恒定律。当一个旋转刚体受到外力矩作用时，它的角动量矢量会发生变化，这种变化与外力矩成正比。角动量守恒定律可以表示为：

$$L = I\omega \tag{6-1}$$

式中，L 表示角动量；I 表示转动惯量；ω 表示角速度。陀螺仪由高速旋转的陀螺转子和支撑结构组成。当飞行器发生姿态变化时，陀螺转子由于角动量守恒会产生一个反作用力矩，试图使整个陀螺仪保持原有的角度位置。这个反作用力矩可以通过下列公式计算：

$$T = \frac{\mathrm{d}L}{\mathrm{d}t} = I\,\frac{\mathrm{d}\omega}{\mathrm{d}t} \tag{6-2}$$

式中，T 表示反作用力矩；$\mathrm{d}L/\mathrm{d}t$ 表示角动量的变化率；I 表示转动惯量；$\mathrm{d}\omega/\mathrm{d}t$ 表示角速度的变化率。通过测量这个反作用力矩的大小和方向，就可以确定飞行器的姿态变化情况。这就是陀螺仪的基本工作原理。

(2) 性能参数

航空航天级陀螺仪通常具备出色的性能参数。

量程：陀螺仪的量程指的是它能够测量的最大角速度范围。航空航天级陀螺仪拥有较宽的量程，通常可达±100 °/s、±200 °/s 甚至±400 °/s，满足不同飞行器的角速度测量需求。

灵敏度：陀螺仪的灵敏度指的是其输出信号对角速度变化的响应程度，单位通常为 mV/°/s。高灵敏度（通常为 20～100mV/°/s）保证了角速度的高分辨率测量。

零点漂移：零点漂移是指陀螺仪在没有任何旋转的情况下，输出信号的偏移量。换句话说，即使陀螺仪处于静止状态，它的输出仍可能显示出某个非零的角速度值。零点漂移的单位为°/s 表示，其大小和稳定性对陀螺仪的精度有重要影响。为了减少测量偏差，陀螺仪的零点漂移通常小于±0.1 °/s。

噪声密度：陀螺仪的噪声密度是指单位频率带宽内的噪声水平，噪声密度低的陀螺仪能够更准确地捕捉到微小的角速度变化，这对于高精度应用，如航空航天、导航和机器人技术至关重要。在航天航空领域，陀螺仪的噪声密度一般小于 0.005 $°/(\mathrm{s}\cdot\sqrt{\mathrm{Hz}})$，这有助于提高测量精度。

除了以上这些常见的陀螺仪参数外，航空航天中对陀螺仪还有很多额外要求。出色的稳定性确保了角速度测量的长期可靠性；宽带宽（通常为 100～500Hz）确保了陀螺仪能够跟上飞行器快速的动态响应；此外，它们能够承受严苛的振动环境（如 10grms[1]@20～2000Hz），并能在−55℃到+105℃的温度范围内稳定工作，满足苛刻的航天环境要求。

一些广泛应用的航空航天级陀螺仪型号包括：Honeywell HG1700 系列、Analog Devices ADIS16488 系列以及 Murata ENV-05M 系列等。这些陀螺仪凭借出色

---

[1] grms 代表以重力加速度为单位的均方根值，是衡量振动强度的指标。1g=9.8m/s^2，rms 代表均方根值。

的性能，在商用和军用航空、航天器等领域扮演着不可或缺的角色，为飞行器的精准控制和导航提供了关键支持。

（3）应用场景

对于航空领域，陀螺仪可以用于飞行器的姿态、导航、稳定性控制等方面。飞行器的姿态控制是确保其安全飞行的关键。陀螺仪作为惯性传感器，能够准确测量飞行器的俯仰（pitch）、滚转（roll）和偏航（yaw）三个轴向的角速度和角度变化，为飞行器姿态控制系统提供关键反馈信息。以战斗机为例，其姿态控制系统会实时监测机身的角速度和倾斜角度，并通过驱动舵面来维持机体处于期望的姿态。这些关键数据大多来自机载陀螺仪。一旦检测到机身倾斜超出安全范围，控制系统会立即调整舵面，纠正机体姿态，确保飞机安全飞行。类似地，在直升机、无人机等其他飞行器上，陀螺仪也发挥着关键作用。它们不仅能够提供姿态信息，还能够检测外界环境变化，为自动驾驶系统提供可靠的反馈，使飞行器能够在复杂环境下保持稳定飞行。

陀螺仪在飞行器导航控制中也扮演着重要角色。通过测量飞行器的角速度和角位移变化，陀螺仪能够为航迹跟踪和位置估计提供关键数据支持。在自动驾驶系统中，陀螺仪与GPS、气压高度计等其他导航传感器配合使用，能够为飞行器提供准确的位置、速度、航向等导航信息。这些信息反馈给控制系统，使其能够根据预设航线自动调整飞行器的油门、舵面等，确保飞行器按既定航迹飞行。对于缺乏外部导航信号的情况，如GPS信号丢失、航路中断等，陀螺仪凭借其惯性测量的特点，能够独立提供可靠的导航数据，确保飞行器安全飞行。这在军用飞机、战略运输机等对导航精度要求极高的航空器上尤为重要。

除了姿态和导航控制，陀螺仪对于飞行器的稳定性至关重要。以直升机为例，它相比固定翼飞机更容易受风等外界扰动的影响而产生摇晃。此时，装备在直升机上的陀螺仪就能够监测机身的角速度变化，并通过控制系统驱动舵面来抑制这种摇晃，使直升机保持稳定飞行。类似地，在各类大型运输机、战斗机上安装的陀螺仪稳定系统，也能有效减小飞行过程中因气流湍动、爆炸冲击等导致的机体振动，确保机载设备（如照相机等）能够保持稳定。

和飞行器一样，航天器在执行各种空间任务时，也需要精确控制其姿态。陀螺仪作为惯性传感器，能够准确测量航天器绕3个轴的角速度和角位移变化，为姿态控制系统提供关键反馈信息。以火箭为例，在发射升空过程中，火箭需要保持精确的姿态，否则会严重偏离预定轨道，影响任务成功率。这时，搭载在火箭上的陀螺仪就能够实时监测火箭的姿态变化，通过驱动喷管来调整姿态，确保火箭保持最佳的姿态飞行。对于在轨操作的航天器，如卫星、航天飞机等，陀螺仪也发挥着关键作用。它们不仅能够实时监测航天器的姿态，还能够根据任务需求，驱动执行机构改变航天器的姿态，如调整太阳能电池板的朝向、对地观测仪器的指向等，确保航天器能够顺利完成各项空间任务。

陀螺仪为航天器的精确轨道测量、控制和维持提供了关键技术支撑。通过测量航天器在轨道上的角速度和位置变化，陀螺仪能够为轨道控制系统提供关键反馈数据。以卫星为例，其轨道控制系统会实时监测卫星的运动状态，并通过驱动推进剂喷管来调整卫星的轨道和速度，使其保持在预定轨道上。这些关键数据很大程度上来自搭载在卫星上的陀螺仪。对于深空探测器等长期飞行的航天器，由于缺乏外部导航信号，陀螺仪凭借其惯性测量的特点，能够独立提供可靠的姿态和轨道数据，为控制系统提供关键依据，确保航天器能够按期望轨道飞行。

航天器在执行各种空间任务时，也会受到复杂环境的影响而产生振动和摇晃。此时，搭载的陀螺仪稳定系统就能够发挥关键作用。以载人航天器为例，其机身会受到太阳光照、太阳风等外界扰动的影响而产生振动。这不仅会影响航天员的生活质量，也可能干扰航天器上精密仪器的正常工作。此时，装备在航天器上的陀螺仪稳定系统，就能够实时监测机身的角速度变化，并通过驱动执行机构来抑制这种振动，使航天器保持稳定。类似地，在卫星、航天探测器等无人航天器上，陀螺仪稳定系统也能够有效减小外界扰动导致的机体振动，确保搭载设备（如光学相机等）能够保持稳定，从而获取高质量的观测数据。

陀螺仪技术正朝着小型化、高性能、低成本、功能集成和智能化的方向不断发展，为航空航天领域提供更优的解决方案。从最早的机械式到后来的光学和微机电陀螺，测量精度已经从最初的几度提高到十万分之一度，满足了绝大部分航空航天应用的需求，如图 6-4、图 6-5 所示。同时，系统的抗振、防干扰能力也得到了大幅增强。未来随着量子技术、先进制造等的发展，陀螺仪的性能将继续提升，实现更高的精度和更强的抗干扰能力。微制造技术的进步，特别是 MEMS 技术的兴起，使陀螺仪的体积和质量得到了极大的缩减。现代 MEMS 陀螺仪的体积只有几立方厘米，质量只有几十克，完全可以集成到各类航空航天器上。这不仅满足了空间和重量的要求，还大幅降低了功耗，提高了系统可靠性。未来其体积、

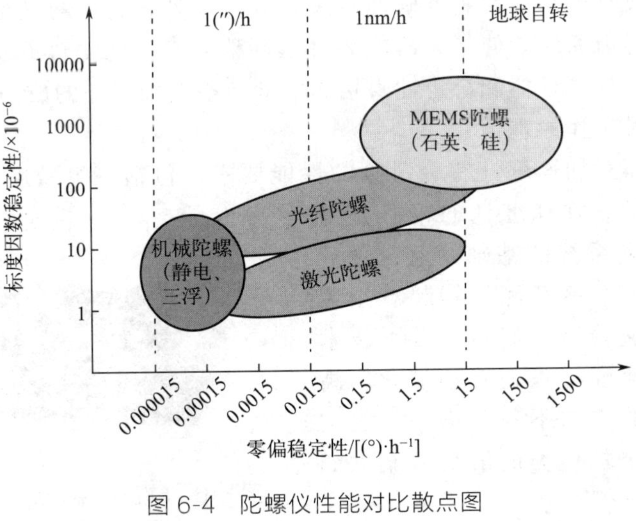

图 6-4　陀螺仪性能对比散点图

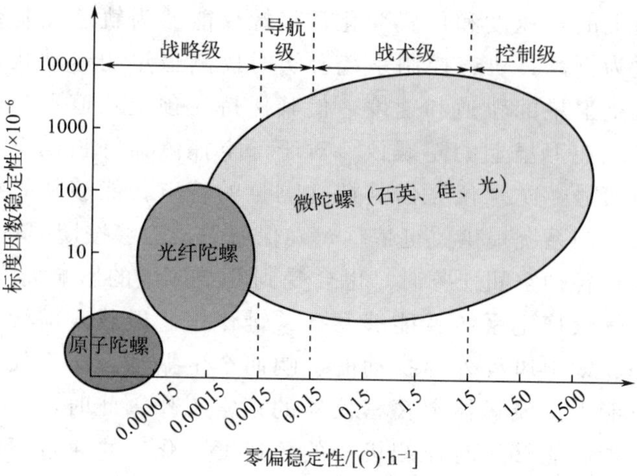

图 6-5　陀螺仪性能与应用分级的对比散点图

质量有望进一步缩小。陀螺仪正朝着集成加速度计、磁力计等多种传感器的方向发展，形成惯性测量单元。这提高了系统的可靠性，并减轻了质量和减小了体积。同时，陀螺仪也正融合人工智能技术，具备自诊断、自修正等智能化功能，以大幅提升使用效率和可靠性。

6.4.2　加速度计

加速度计在航空航天领域中扮演着至关重要的角色，它是实现飞行器导航、控制和姿态保持的关键传感器。通过实时测量加速度，加速度计能够提供飞行器的动态状态信息，帮助计算其速度和位置，确保飞行路径的精确性。从最初简单的机械式加速度计，到后来基于各种物理效应的先进加速度计，其测量性能不断提升，应用范围也越来越广泛。在复杂的飞行环境中，尤其是在大气层外或失重状态下，加速度计的可靠性和准确性至关重要。此外，它们与其他传感器相结合，形成了高效的导航系统，使航天器能够自主调整姿态、优化轨道并执行各种任务。因此，加速度计的高性能和稳定性直接影响到航空航天任务的成功与否。

（1）结构及工作原理

航空航天器对加速度计有着苛刻的性能要求，包括高灵敏度、宽量程、低噪声、强抗干扰等。加速度计的精确测量不仅是惯性导航系统的基础，也对飞行器的稳定性控制、载荷测量等起着至关重要的作用。随着微纳制造、量子技术等的发展，加速度计正朝着小型化、高性能、低成本的方向不断前进，为航空航天事业提供更加优秀的解决方案，如图 6-6 所示。

图 6-6　电子元件加速度计传感器模块

现代加速度计主要有两种类型：机械加速度计和微机电系统（MEMS）加速度计。机械加速度计通常由质量块、弹簧和外壳组成。质量块在加速度作用下会发生位移，通过弹簧的恢复力来测量位移的变化。这种结构的加速度计常用于高精度应用，但体积、质量较大，适合在一些特定环境下使用。相对而言，MEMS 加速度计则是一种微型化的传感器，采用硅基材料制造，具有小巧、轻便和低功耗等优点，如图 6-7 所示。其基本结构是一个悬挂的微小质量块（质点），当加速度作用于传感器时，质点会相对于固定基座移动。MEMS 加速度计通常具有多个轴向的测量能力，能够同时测量横向和纵向的加速度。

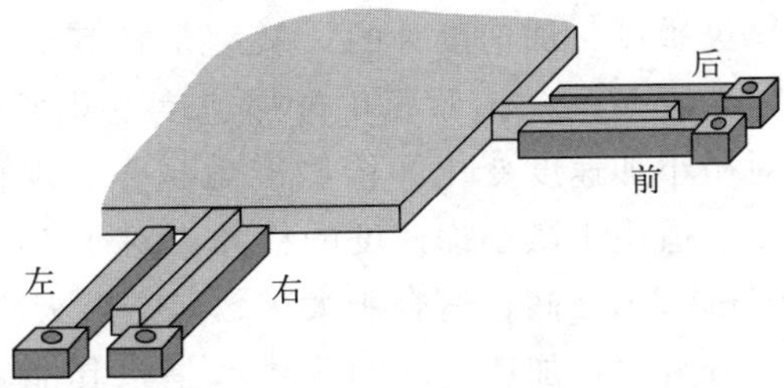

图 6-7　MEMS 加速度计

加速度计的工作原理基于牛顿第二定律，即力等于质量乘以加速度（$F=ma$）。在加速度计中，当飞行器受到加速度作用时，质量块或质点会由于惯性而产生位移。在机械加速度计中，当飞行器加速时，质量块会沿着加速度方向移动，通过测量弹簧的位移来计算加速度。这种位移与加速度成正比，通常使用电阻或电压传感器捕捉位移信号，并转换为电信号输出。在 MEMS 加速度计中，质点的位移是通过电容变化来测量。当加速度作用于传感器时，质点相对于基座移动，导致其与固定电极之间的电容发生变化。通过检测电容的变化，可以计算出加速度的大小和方向。MEMS 加速度计通常还配备有信号处理电路，将模拟信号转换为数字信号，以便于后续的数据处理和分析。

近年来，随着量子技术的不断进步，基于量子效应的加速度计引起了广泛关注。利用原子干涉效应、光学泵浦效应等量子现象，可以实现极高的测量分辨率和抗干扰能力，为航空航天领域提供更优秀的解决方案。例如，原子干涉加速度计利用激光操控原子的量子态，当受到加速度作用时，原子波函数的相位会发生变化，从而测量加速度大小。这种加速度计不仅灵敏度高，抗振动干扰能力也非常出色。

（2）性能参数

常见的航空航天级加速度计需要具备多项出色性能参数。高性能的加速度计能够提供准确的加速度测量，确保飞行器在复杂环境中的可靠性和精确性。

量程：加速度计的量程是指其能够测量的最大加速度范围。这一参数对于确保飞行器在各种飞行状态下的安全和性能至关重要。一般来说，航空航天级加速度计的量程可以从几倍重力加速度到数百倍重力加速度不等，具体选择取决于应用需求。对于大多数航空航天应用，量程一般在 $\pm 10g$ 到 $\pm 100g$ 之间。对于极端加速度环境，如火箭发射或飞行器的快速机动，加速度计的量程可以达到 $\pm 200g$

甚至更高，确保在高动态情况下仍能提供可靠的数据。

灵敏度：加速度计的灵敏度是指其对加速度变化的响应能力，单位通常采用mV/g或V/g，表示每单位加速度变化所产生的电压变化。灵敏度越高，加速度计对微小加速度变化的检测能力越强。现代微型加速度计的灵敏度可达到mV/g量级，适用于微小加速度的检测。对于MEMS加速度计，其灵敏度一般在100～1000mV/g之间，适合于大多数航空航天应用。

分辨率：加速度计的分辨率是指其能够检测到的最小加速度变化量，通常以"g"或"m/s^2"表示。分辨率越高，加速度计越能精确地捕捉到微小的加速度变化。在航空航天应用中，加速度计的分辨率通常在不同类型的传感器之间有所差异。低成本的MEMS加速度计的分辨率一般在±0.1g到±0.5g之间，这种类型的传感器适用于一般测量需求，能够满足一些基础的航空航天应用。高精度加速度计的分辨率则可达到±0.01g或更高，适用于高精度导航和测量任务。

除了以上常见性能参数外，为了减少测量误差，航空航天级加速度计的偏移通常小于±0.05g，噪声峰峰值也小于0.001g；带宽达到50～500Hz，能够满足飞行器动态响应的需求；此外，它们还需要能够承受−55～105℃的苛刻温度环境。

一些常用的航空航天级加速度计型号包括：Honeywell HG1900系列、Analog Devices ADIS16375系列、Meggitt 4020系列以及STMicroelectronics LIS3DSH等。这些型号凭借出色的性能和可靠性，在商用和军用航空飞行器、航天器等领域广受青睐，为飞行器的精准控制和安全提供了关键支持，图6-8为MPU-6050传感器的内部功能框架。

(3) 应用场景

加速度计在航空航天领域扮演着至关重要的角色，其精确测量对飞行器的导航、控制、载荷测量等关键功能至关重要。

惯性导航系统（INS）是航空航天器进行自主导航的核心部件，而加速度计正是构建INS的基础性传感器。INS通过对飞行器在三个轴向的加速度和角速度进行实时测量，利用惯性力学原理计算出飞行器的位置、速度和姿态信息。它无需外部参考信号，可在任何环境下独立自主导航，是构建自主飞行、无人驾驶航空航天器的关键技术。加速度计在INS中承担着测量三轴加速度的任务。其性能指标，如测量范围、噪声水平、温度漂移等，直接影响INS的导航精度和可靠性。先进的MEMS加速度计以及基于光纤和量子效应的加速度计，已广泛应用于高精度INS中，为航天器提供毫米级的导航精度。

航天飞行器在高速飞行过程中，经常会遭受强烈的外部扰动，如气流湍流、着陆冲击等。这些扰动会导致飞行器产生严重的晃动和抖动，严重影响飞行稳定性和操控性。加速度计在飞行器稳定性控制系统中扮演着关键角色。它能实时监测飞行器的加速度变化，通过反馈控制及时调整姿态、推力等，抵消外部扰动，确保飞行的平稳性。此外，加速度计还可用于高超声速飞行器的动态响应监测。

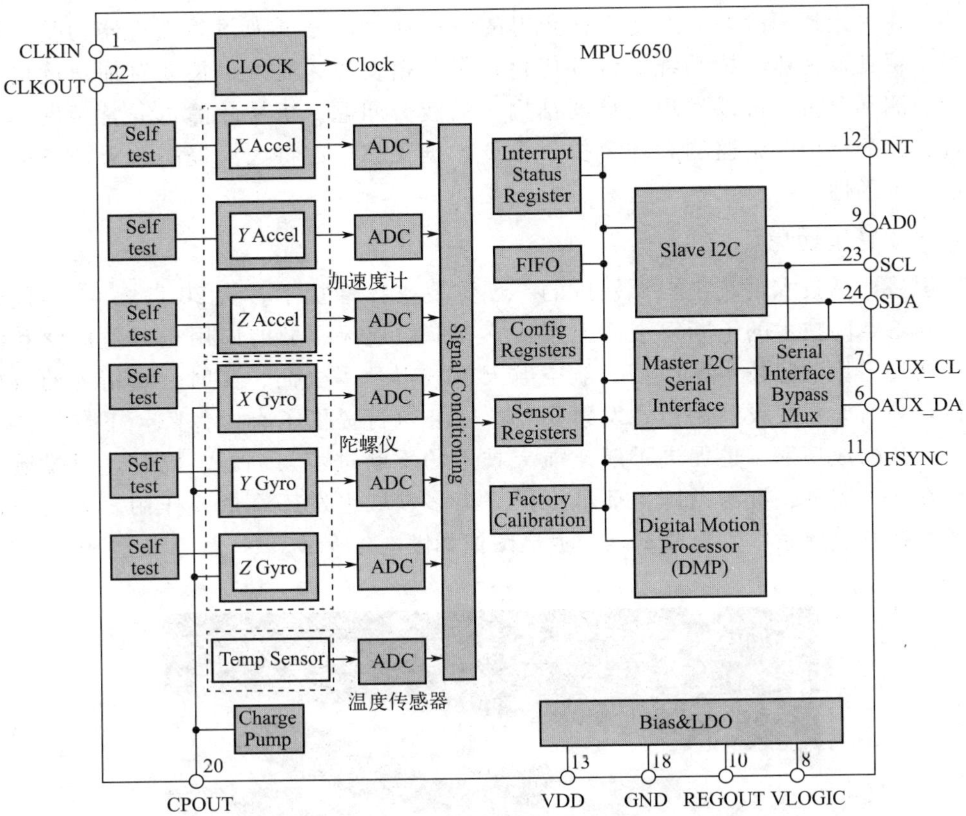

图 6-8　MPU-6050 传感器的内部功能架构图

ADC：数模转换器；Signal Conditioning：信号调理；Interrupt Status Register：中断状态寄存器；FIFO：先进先出；Config Registers：配置寄存器；Sensor Registers：传感寄存器；Factory Calibration：工厂校准；Slave I2C：从设备集成电路；Master I2C Serial Interface：主设备集成电路串行接口；DMP：数字运动处理器；Serial Interface Bypass Mux：串行接口旁路多路复用器

通过对机体承受的载荷加速度进行实时测量，可以更好地理解飞行器在高马赫数条件下的动力学特性，为稳定控制提供重要参考。

航天飞行器在发射升空、轨道飞行、再入返回等各个阶段，都会遭受复杂的机械载荷，如推力加速度、气动力、冲击力等。准确测量这些载荷对于安全着陆、有效保护乘员和有价值载荷至关重要。加速度计是测量飞行器载荷的主要传感器之一。将加速度传感器布置在关键结构部位，可以实时监测机体各部位所受的加速度信号，进而计算出相应的力或力矩载荷。这些数据不仅可用于航天器的结构强度分析和优化设计，也为实现智能结构健康监测提供了基础。在火箭发射阶段，加速度计能够准确测量推进系统产生的高强度加速度，为飞行器整体受力状况建立数学模型，为结构设计提供重要参考依据。在轨道飞行中，加速度计则可监测由重力梯度、大气阻力等因素引起的微小加速度变化，用于精确姿态控制和轨道维持。在再入返回阶段，加速度计测得的空气动力信号可为预测飞行器的受力情况提供帮助，为热防护系统的设计优化提供数据支撑。此外，长期对加速度信号进行监测和分析，可以发现飞行器结构中的疲劳问题、机械故障等异常情况，为实现智能的结构健康监测和预警提供重要数据支撑。这将大大提高航天任务的安全性和可靠性。

6.4.3 卫星遥感

卫星遥感技术是航空航天领域的一项重要支撑性技术。从 20 世纪 60 年代开始，随着空间技术的不断发展，卫星遥感在航空航天领域的应用也日益广泛和深入。通过卫星遥感技术的应用，航空航天领域得到了全面、实时、高精度的数据支持，为航天器的设计制造、发射飞行、任务执行提供了有力保障，不仅提高了航天任务的成功率，也促进了航空航天技术的不断进步与创新。同时，卫星遥感技术在气象监测、资源勘探、环境保护等诸多领域也发挥着重要作用，为人类社会的可持续发展做出了重要贡献，卫星图像如图 6-9 所示。

图 6-9 卫星图像

（1）结构及工作原理

科学家通过大量实践发现地球上每一种物质，由于化学成分、物质结构、表面特性等不同，会选择性地反射、吸收、折射电磁波，而呈现出不同的电磁波特性。而卫星遥感的基本工作原理可以概括为卫星携带的传感器接收反射或辐射自目标物的电磁波信号，接收到的信号经过电路处理和数字化，形成数字影像数据，然后通过遥传方式将数据传回地面，地面站接收并处理数据，提取有用信息。

一套卫星遥感系统的主要组成部分大致包括遥感传感器、数据处理存储设备、数据传输设备，以及地面接收和处理设备。遥感传感器的工作可以粗略地用公式

$P = KL\Omega$ 表示。式中，P 表示传感器接收到的辐射功率；K 表示传感器的系统参数；L 表示目标的辐射亮度；Ω 表示目标的立体角。通过测量辐射功率 P 的大小，就可以反推出目标的辐射亮度 L。另外，遥感影像的空间分辨率还可以通过公式 $r = (Hd)/D$ 计算。式中，r 表示地面分辨率；H 表示卫星的轨道高度；d 表示传感器的孔径尺寸；D 表示传感器到地面的距离。

（2）性能参数

航空航天领域的卫星遥感技术在过去几十年里取得了长足进步，在气象预报、资源勘探、环境监测等领域发挥着重要作用。卫星遥感系统由多个关键部件组成，包括遥感载荷、数据接收和处理系统、地面站等。这些系统需要具备高分辨率、高灵敏度和高可靠性等特点，以满足航空航天领域的苛刻要求。

空间分辨率：卫星遥感的空间分辨率是指卫星传感器能够区分的最小地面物体的大小，通常以米为单位。空间分辨率越高，卫星能够捕捉到的地面细节就越清晰。航空航天遥感载荷通常采用先进的光学成像技术，如高分辨率 CCD、CMOS 传感器等，它们可提供米级甚至亚米级的空间分辨率，如 WorldView-3 和 GeoIQ 等，这些卫星的空间分辨率通常在 0.3～1m 之间，适合城市规划、土地利用和环境监测等精细应用。而一些常规的中低分辨率卫星，如 Landsat 系列卫星以及 MODIS（中分辨率成像光谱仪）主要用于地表覆盖分类和生态气候监测。

光谱分辨率：光谱分辨率是指传感器能够区分的不同波长或波段的能力，通常以波长（单位为纳米）或波段数量来表示。光谱分辨率越高，卫星能够获取的地面物体反射或发射的光谱信息就越细致，从而提供更丰富的地物信息。多光谱遥感通常包括几个宽波段（例如，红、绿、蓝和近红外波段），适合进行基本的地表覆盖分类和变化监测，常见的多光谱卫星有 Landsat 系列。高光谱分辨率包含多个窄波段（通常数十到数百个），可以提供非常详细的光谱信息，适用于矿物识别、植被分类和水体分析等应用。典型的高光谱卫星有 Hyperion 和 WorldView-3。

卫星遥感系统还需要具有大容量的数据存储和高速的数据传输能力，以应对海量遥感数据的采集和传输。航天级存储设备通常采用抗辐射的闪存技术，容量可达 GB 级甚至 TB 级。数传系统则利用微波、激光等技术，实现 GB/s 量级的高速数据传输，满足实时传输的需求。此外，航天级遥感系统还需要具备出色的抗辐射、耐振动等环境适应性，能够承受发射阶段的高动态载荷和在轨运行的恶劣环境。先进的热控技术和电源管理系统确保了系统的长期稳定运行。同时，这些传感器具有宽动态范围和高信噪比，确保了卫星图像的高辐射定量化。

一些代表性的航天级遥感卫星包括欧洲的 Sentinel-2 系列、美国的 Landsat 系列以及中国的风云系列卫星等。这些先进的卫星遥感系统为人类认知地球、监测环境、管理资源提供了强有力的技术支撑。

（3）应用场景

通过前面的学习已经了解了卫星遥感的基本工作原理，即利用卫星上搭载的各种传感器接收地面目标反射或辐射的电磁波信号，经过数字化处理后传回地面，以获取各种地理信息和目标参数，如图 6-10 所示。那么，卫星遥感系统具体都有哪些性能指标，这些性能参数又是如何决定其在各个应用领域的适用性的呢？

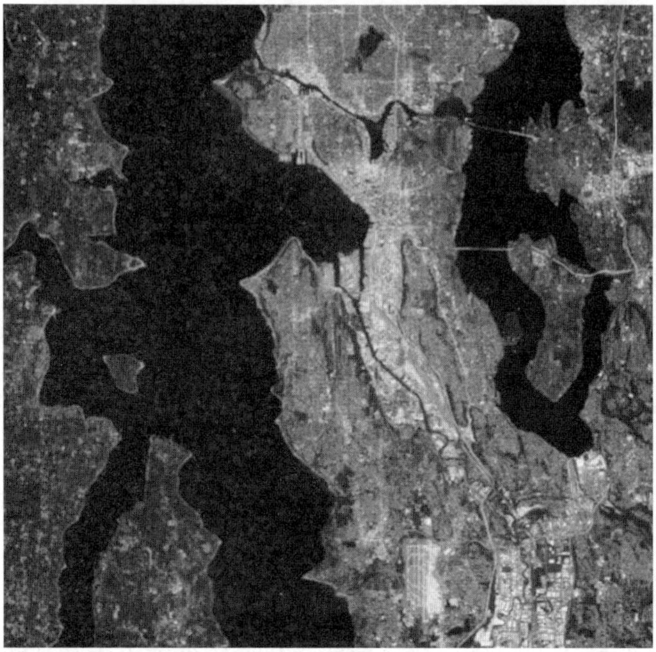

图 6-10 美国 Landsat 7 卫星于 2014 年拍摄的华盛顿西海岸

航天器的设计制造是航天工程的核心内容之一。在航天器的设计过程中，工程师需要对复杂的工作环境、载荷等因素进行全面分析和评估，以确保航天器的可靠性和安全性。卫星遥感技术在这一过程中发挥着重要作用。

航天器在发射升空、轨道飞行和再入大气层等过程中，会遭受诸如温度、辐射、微重力等各种极端环境因素的影响。这些环境因素对航天器的设计、制造和运行都会产生重大影响。通过卫星遥感技术，工程师可以获取真实的空间环境数据，建立精细的环境模型，对航天器在各阶段所面临的环境条件进行全面模拟和分析。例如，利用科学实验卫星和天气监测卫星获取的太阳辐射、电离层电荷密度等数据，可以预测航天器在轨道飞行过程中所遭受的热环境和电磁环境。这些数据为航天器的热控设计、电子设备的抗辐照设计等提供了重要依据，帮助工程师优化航天器的结构和系统设计，提高可靠性。

航天器在发射和飞行过程中会受到复杂的机械载荷，如推力、加速度、气动力和冲击力等，这些载荷会对航天器的结构强度产生巨大影响。准确测量这些载荷对于航天器的安全着陆、有效保护乘员和有价值载荷至关重要。卫星遥感技术可为载荷测量提供关键支撑。通过在航天器的关键结构部位布置加速度传感器，可以实时监测机体各部位所受的加速度信号，进而计算出相应的力/力矩载荷。这些数据不仅可用于航天器的结构强度分析和优化设计，也为实现智能的结构健康监测提供了基础。例如，在火箭发射阶段，加速度计能够准确测量推进系统产生的高强度加速度，为飞行器整体受力状况建立数学模型，为结构设计提供重要参考依据。在轨道飞行中，加速度计则可监测由于重力梯度、大气阻力等因素引起的微小加速度变化，用于精确姿态控制和轨道维护。在再入返回阶段，加速度计测得的空气动力信号可帮助预测飞行器的受力情况，为热防护系统的设计优化提供数据支撑。此外，通过长期对加速度信号的监测和分析，还可以发现航天器结构中的疲劳问题、机械故障等异常情况，为实现智能的结构健康监测和预警提供重要数据支撑。

在航天器研制过程中，需要进行各种地面试验以验证设计方案的可行性和产品的性能。这些试验包括模拟环境试验、结构强度试验、系统集成试验等。卫星遥感技术在这一过程中发挥着重要作用。首先，通过对实际空间环境的遥感观测，可以为地面试验提供更加真实可靠的输入条件。其次，利用遥感技术监测试验过程中的关键参数，如温度、应变、振动等，可以更精确地评估航天器的性能和可靠性。最后，通过对试验数据的分析，还可以发现一些设计缺陷，为优化设计提供依据。

航天器的发射升空和轨道飞行是航天任务的关键环节。卫星遥感技术在这一过程中提供了全面的监测和支持，确保了航天器的安全和高效地飞行。

航天器发射是一个高风险的过程，会经历剧烈的振动、冲击和高温环境。为确保发射过程的安全，需要对关键参数进行实时监测和分析。卫星遥感技术可为发射过程监测提供重要支撑。一方面，地面观测站利用摄像机、雷达等传感器，实时监测和记录发射台周围的环境变化情况，如温度、湿度、风速等参数。另一方面，航天器本身也会配备各种传感器，通过卫星遥感系统对内部状态进行实时监测。这些数据可用于及时发现异常情况，以采取应急措施。此外，发射过程的遥感监测还可以为后续的故障诊断和数据分析提供依据。通过对发射过程中获取的遥感数据进行综合分析，工程师可以及时发现设计缺陷，优化发射流程，不断提高发射系统的可靠性。

航天器进入轨道飞行后，仍需要对其状态进行全面监测和精确控制，以确保任务的顺利执行。卫星遥感技术在这一过程中扮演着关键角色。地面控制中心利用跟踪雷达、遥测遥控系统等，对航天器的轨道参数、姿态、温度、电力等进行实时监测和遥测控制。同时，航天器本身也配备了各种传感器，通过卫星遥感系统收集内部状态数据，以便地面控制中心及时做出响应。例如，在轨道飞行中，重力梯度、大气阻力等因素会导致航天器的微小加速度变化，这需要利用加速度计进行监测，为姿态控制和轨道维护提供依据。而再入大气层时，由于高速飞行引起的气动加热，热防护系统也需要依靠温度传感器的实时遥测数据进行精确控制。通过持续的遥感监测和数据分析，控制中心还可预测航天器可能出现的故障，并提前采取相应的维修或应急措施。这不仅提高了航天任务的成功率，也大大延长了航天器的在轨寿命。

航天器的返回着陆是整个航天任务的收官阶段，也是最关键和最危险的一个环节。在这一过程中，航天器会承受巨大的热量和冲击力，如果监测和控制不当，可能会导致严重后果。卫星遥感技术在着陆及回收过程中发挥着关键作用。一方面，地面控制中心利用光学遥感设备，实时监测航天器在大气层再入和着陆过程中的动态变化，获取温度、压力、加速度等关键参数，为热防护系统和减速系统的控制提供依据。另一方面，航天器本身也配备有大量传感器，通过卫星遥感系统将内部状态数据传回地面，供工程师实时分析和处理。此外，对于可回收的航天器，卫星遥感技术还可用于监测航天器的回收过程。通过对降落伞展开、减速发动机工作等关键环节进行实时监测，可以及时发现异常情况，确保航天器安全回收。

航天器在飞行过程中会受到各种复杂的空间环境因素的影响，如太阳辐射、地球磁场、宇宙射线等。这些环境因素不仅会影响航天器的性能和寿命，还会对航天员的健康和安全造成威胁。因此，对空间环境进行全面监测和分析是航天技术发展的重要支撑。卫星遥感技术在空间环境监测中发挥着核心作用。搭载各种探测仪器的专业科学卫星，可以对太空环境的各种参数进行全面测量和观测，为航天发展提供关键支撑。

太阳辐射是航天器在轨道飞行过程中面临的主要环境威胁之一。高能的太阳粒子辐射会影响航天器的电子设备，甚至会对航天员的健康造成伤害。因此，需要对太阳活动进行实时监测和预报。利用太阳物理探测卫星，可以持续观测太阳的耀斑活动、太阳风等，建立太阳辐射预报模型，为航天器设计和航天任务的安排提供重要依据。同时，还可以通过地球磁层监测卫星获取地球磁场变化数据，预测太阳辐射粒子在进入地球磁层时的传播情况，为航天员的防护提供支持。

电离层是地球大气层的最外层，主要由电离气体组成。电离层的电荷密度变化会对无线电通信、导航定位等产生干扰，同时也会影响航天器的运行。利用电离层探测卫星，可以实时监测电离层的电子密度、温度、组成等参数，为航天通信和导航系统的设计提供依据。此外，电离层监测数据还可用于预报宇宙天气状况，为航天任务的安排和飞行控制提供支持。

宇宙射线和太阳耀斑产生的高能粒子辐射会对航天器的电子设备和航天员的健康造成严重威胁。因此，需要对这些辐射环境进行连续观测和分析。空间环境监测卫星如美国宇航局（NASA）的“辐射防护测试卫星（RPTSAT）”和“空间环境监测卫星（SERB）”，就是专门用于监测和分析太阳活动、电离层、宇宙辐射等空间环境参数的科学卫星。这些卫星的观测数据为航天器设计和航天任务规划提供了重要的环境依据。

6.5 发展与展望

在本章中，我们深入探讨了传感器在航空航天领域的重要性与多样性。我们分析了不同类型的航空航天传感器，包括陀螺仪、加速度计和卫星遥感等，着重介绍了它们的工作原理、性能参数及应用场景。此外，本章还概述了国内外航空航天传感器的发展现状，指出了我国在这一领域取得的进步与面临的挑战。尽管国内传感技术在过去几十年中取得了显著发展，但与国际先进水平相比仍存在一定差距，特别是在高端传感器的生产和应用方面。

随着航空航天技术的不断进步，我国航空航天传感器的未来发展将呈现出智能化、集成化和网络化的趋势。智能传感器将结合人工智能和大数据分析，提升数据处理能力，实现自我校准和故障诊断，从而提高系统的可靠性和安全性。例如，基于机器学习的算法能够实时分析传感器数据，可预测潜在故障，降低维护成本，提高任务成功率。集成化设计将促进多种传感器在同一平台上的协同工作，减少体积和质量，从而优化航天器的设计。这一趋势不仅有助于提高飞行器的性能，还能降低发射成本，使航天任务更加高效。同时，随着微机电系统技术的发展，未来的传感器将更加微型化，具备更高的精度和更低的功耗，以适应复杂的航天环境。

然而，未来的发展也面临诸多挑战。首先，传感器在高温、高压和强振动等极端环境下的性能稳定性仍需进一步提升。许多传感器在这些极限条件下的耐用性和准确性尚未达到理想水平。其次，针对复杂工作环境的性能评价方法亟待完善，以确保传感器在实际应用中的准确性和可靠性。缺乏标准化的测试流程可能导致传感器在关键时刻失效，影响飞行安全。此外，随着传感器数量的增加，如何进行有效的数据管理和融合成为一个重要课题。航天器中传感器的多样性和数量对数据处理提出了更高的要求，因此需要开发高效的数据融合算法，以提取有价值的信息，减少冗余数据。面对这些挑战，我国需要加强基础研究，推动技术创新，提升自主研发能力，以确保在国际航空航天领域的竞争力和领先地位。

本章小结

本章围绕航空航天领域的传感器展开系统阐述，全面展现了传感器在该高端领域的关键价值。

在航空航天应用场景下，传感器类型丰富且各有特点。陀螺仪作为核心传感器之一，本章从结构、原理层面对其进行深入剖析。其性能参数（如零偏稳定性、标度因数稳定性）决定了其在姿态控制、导航定位等任务中的精度表现，从战略级到控制级应用，适配不同航空航天器对姿态感知的需求；加速度计同理，通过结构设计与工作原理，精准测量运动加速度，为飞行器的轨迹控制、振动监测等提供数据支撑。光学传感器凭借独特的结构与原理，在卫星遥感等任务中发挥不可替代的作用，拓展了航空航天对空间环境、地表信息的探测维度。

这些传感器的应用，构建起航空航天器感知外界与自身状态的“神经网”，从基础的飞行姿态调控到复杂的空间探测任务，保障系统稳定与任务达成。同时，也需关注发展趋势，随着航空航天向更远深空、更高精度推进，传感器需向小型化、高精度、高可靠性与智能化演进，持续突破性能瓶颈，适配未来如星际航行、超精密航天器控制等新需求，为航空航天事业拓宽发展边界，助力实现更具挑战性的探索与应用目标。

习题

思考题

1. 对比机械陀螺仪与MEMS陀螺仪的性能参数（如零偏稳定性、标度因数稳定性），分析在航空航天器的姿态控制系统中，两种陀螺适用场景的差异及原因。

2. 以卫星遥感任务为例，说明光学传感器的“结构—原理—性能参数—应用”逻辑如何支撑其完成对地球表面特定目标（如森林植被、海洋温度）的探测，并分析完成探测任务需关注哪些关键性能指标？

3. 加速度计在航空航天器发射段（强振动、高过载）与轨道运行段（微重力、平稳巡航）中，对性能参数（如量程、精度、抗干扰能力）的需求有何不同？从工作原理角度，解释这些需求差异的技术根源。

4. 结合航空航天的极端环境（如太空辐射、高低温循环），分析传感器在设计时需采取哪些特殊“结构或原理优化”，以保障其长期稳定工作？请举例说明（如陀螺的温度补偿设计）。

5. 从“传感器性能提升对航空航天任务拓展的推动作用”角度，畅想未来传感技术突破（如量子传感、仿生传感）可能为航空航天领域带来哪些全新应用或能力升级（如星际导航精度、深空探测效率）？

选择题

1. 以下哪种陀螺仪在航空航天的战略级应用中，因超高精度常被优先考虑？（　　）

A. MEMS陀螺仪

B. 光纤陀螺仪

C. 激光陀螺仪

D. 原子陀螺仪

2. 加速度计测量飞行器加速度时，其核心是感知（　　）的变化。

A. 速度大小

B. 速度方向

C. 运动位移

D. 惯性力

3. 卫星遥感中，光学传感器捕捉地表信息，主要依赖（　　）原理。

A. 萨格纳克效应

B. 光电转换

C. 惯性力感知

D. 陀螺进动

4. 航空航天器姿态控制中，陀螺仪的零偏稳定性指标反映其（　　）能力。

A. 抗振动干扰

B. 长时间稳定指向

C. 标度因数一致性

D. 高温环境适应

5. MEMS 陀螺仪因（　　）特点，常应用于小型无人机的姿态控制。

A. 超高精度。

B. 体积小、成本低

C. 抗辐射能力强

D. 标度因数稳定性极佳

填空题

1. 航空航天用传感器需适应极端环境，如太空__________环境，会影响传感器的电子元件性能，需在__________设计上做特殊优化。

2. 光纤陀螺仪基于__________效应工作，该效应使光纤环中相向传播的光产生__________差，进而测量角速度。

3. 加速度计在航天器发射阶段，需承受__________（填环境特点），因此对__________（填性能参数）要求极高。

4. 卫星遥感中，光学传感器的__________参数决定了对地表目标的分辨能力，通常该参数越__________，分辨细节越清晰。

计算题

已知某光纤陀螺仪零偏稳定性指标为 0.01°/h，若航天器依靠该陀螺仪进行姿态控制，持续工作 24h，仅因陀螺仪零偏导致的姿态角偏差是多少？（忽略其他误差，角度偏差＝零偏稳定性×时间）

第 7 章 传感器与大气环境检测

知识导图

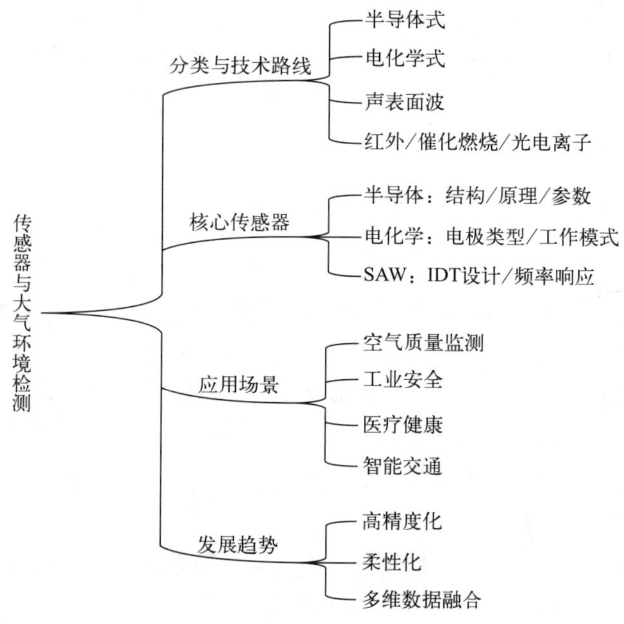

学习目标

1. 准确描述半导体式、电化学式、声表面波（SAW）传感器的核心结构（如半导体传感器的敏感元件/电化学的三电极设计/SAW 的叉指换能器），阐明各类传感器的工作原理（如半导体吸附气体导致电阻变化、电化学氧化还原反应产生电流、SAW 频率偏移）；

2. 对比半导体传感器的灵敏度（$\Delta R/R_0$）、电化学传感器的检测限（LOD）、SAW 传感器的中心频率与 Q 值等参数，解释参数如何决定实际场景的适用性（如电化学传感器用于低功耗便携设备，SAW 传感器适用于高精度痕量检测）；

3. 列举 VOCs、PM2.5、NO_x 等污染物的检测方法（如半导体传感器测 VOCs、激光散射测 PM2.5)，说明传感器在智慧城市（如北京网格化监测系统)、工业安全（化工厂泄漏预警)、智能家居（联动新风系统）中的具体应用案例；

4. 总结传感器智能化（自校准算法)、微型化（柔性可穿戴设备)、网络化（卫星-地面协同监测）的发展方向。分析当前瓶颈（如半导体传感器的选择性不足、电化学传感器的寿命限制）及解决路径（纳米材料修饰、多传感器阵列)。

7.1 传感器在大气环境检测中的类型和特点

工业快速发展曾导致我国大气污染问题凸显，频发的重污染天气严重威胁生态环境、生产生活和公众健康。因此，开发能实时监测大气环境的气体传感器至关重要。气体传感器是一种物理检测装置，依据国标定义，它能感受被测量并按规律转换为可用输出信号，通常由敏感元件和转换元件构成。

气体传感器应用领域广泛，涵盖环境监测、公共安全、医疗诊断、农业、食品及军事航天等。在环境监测中，其作用日益关键，被大量用于检测大气颗粒物（PM2.5，PM10）和气态污染物（VOCs，NO_2，CO，SO_2，O_3 等)。按气敏原理，主要可分为半导体式、电化学式、光学式（红外)、催化燃烧式、光离子化（PID)、固体电解质式和石英谐振式等类型。

当前主流气体传感技术路线包括半导体、红外、催化燃烧、电化学和光离子化（PID)。其中，电化学、红外和催化燃烧技术应用最为普遍。红外技术是智能传感器的重要载体，主要用于暖通制冷、室内空气质量监控及工业安全过程监控；催化燃烧技术则专长于检测天然气、液化气、煤气、烷类等可燃气体的浓度（参见表 7-1)。

表 7-1 气体传感器的分类及应用领域

产品分类	工作原理	优缺点	应用领域
半导体	半导体气体传感器是主要由金属氧化物薄膜制成的阻抗器件，其电阻随着气体含量而变化	优点：成本低，易于制造、适用面广； 缺点：易受干扰，对气体的选择性差，稳定性较差，功耗较高	家用、工厂、商业可燃气体检测，防火安全检测、家电和汽车空气质量检测
红外	红外气体传感器通过检测不同气体成分对不同波长的吸收率检测气体浓度	优点：选择性较好，抗交叉干扰的能力较强，无须在氧气环境下工作、使用寿命长； 缺点：技术难度大，成本高	是智能气体传感器的重要载体，主要应用于暖通制冷与室内空气质量监控、工业过程及安全防控监控

续表

产品分类	工作原理	优缺点	应用领域
催化燃烧	检测元件接触到可燃性气体时发生氧化燃烧，电热丝升温，电阻值发生变化，从而计算出气体浓度	优点：可检测绝大多数可燃性气体； 缺点：测量需有氧气存在，精度较低	多用于天然气、液化气、煤气、烷类等可燃气体浓度检测
电化学	分为原电池式，可控电位电解式、电量式和离子电极式四种类型，通过氧化还原原理进行气体测量	优点：体积小、功耗低、线性范围宽、重复性好； 缺点：易受干扰，寿命短	有毒气体、氧气和酒精等气体检测
光电离子	由紫外光源和气室构成，气体到达气室后在紫外灯的照射下离子化，形成电流，测量电流得到气体浓度	优点：对挥发性有机化合物灵敏度高； 缺点：成本高，使用寿命短且易受高温度环境影响	主要应用于 VOC 检测、分析仪器、广泛应用于化工、石油环保、制药等行业
声表面波	声表面波在压电材料表面传播时与外界环境的互动，通过检测声波速度或频率的变化来识别特定气体的存在和浓度	优点：灵敏度和分辨率高，抗干扰能力强，成本低且能批量生产，体积小且集成度高； 缺点：环境适应能力较差，长期稳定性有待提高	广泛应用于环境监测、生物检测和化学分析等领域

7.2 半导体气体传感器

7.2.1 结构

半导体气体传感器是利用待测气体与半导体表面接触时，半导体的物理电导率发生的明显变化来检测气体的，它能够将感受到的气体转换成可用的输出信号。根据相互作用时产生变化的位置，可以将半导体气体传感器分为表面控制型和体电阻控制型气体传感器。前者在表面吸附气体，气体与半导体发生反应，最终使得半导体的电导率等物理性质发生改变；后者通过气体改变半导体的内部组成，这同样能够改变半导体的电导率。根据其反应原理，半导体气体传感器可以分为电阻式和非电阻式两种。表 7-2 是半导体气体传感器的分类。

表 7-2　半导体气体传感器的分类

类型	物理特性		敏感材料	工作温度	被测气体
电阻式	电阻	表面电阻控制	SnO_2、ZnO、In_2O_3	室温～450℃	可燃性气体
		体电阻控制	TiO_2、SnO_2、MgO	300～450℃	可燃性气体、乙醇
非电阻式	表面电位		Ag_2O	室温	主要成分为硫、醇的气体
	二极管整流特性		Pt/TiO_2	室温～450℃	氢气、一氧化碳
	场效应管特性		铂栅场效应管	150℃	氢气、硫化氢

（1）电阻式半导体气体传感器

电阻式半导体气体传感器的结构主要有三种：烧结型、薄膜型和厚膜型。

① 烧结型气体传感器的结构如图 7-1（a）所示，半导体陶瓷内的晶体的大小对电阻有一定的影响，通常晶体的直径约为 1μm。这类器件以 SnO_2 半导体材料为基体，将铂电极和加热丝埋入 SnO_2 材料中，用加热、加压、温度为 700～900℃的制陶工艺烧结成形。因此被称为半导体陶瓷，简称半导瓷。烧结型气体传感器的制作方法简单，器件寿命长，价格便宜，但由于烧结不充分，器件机械强度不高，电极材料较贵，电性能一致性较差，因此应用受到一定限制。

② 薄膜型气体传感器的结构如图 7-1（b）所示，主要采用蒸发或溅射工艺在石英基片上形成氧化物半导体薄膜（其厚度在 100nm 以下），这种传感器的性能主要与工艺条件和薄膜的物理化学状态有关。实验证明，SnO_2 半导体薄膜的气敏特性最好，但这种半导体薄膜为物理性附着，因此器件间性能差异较大。

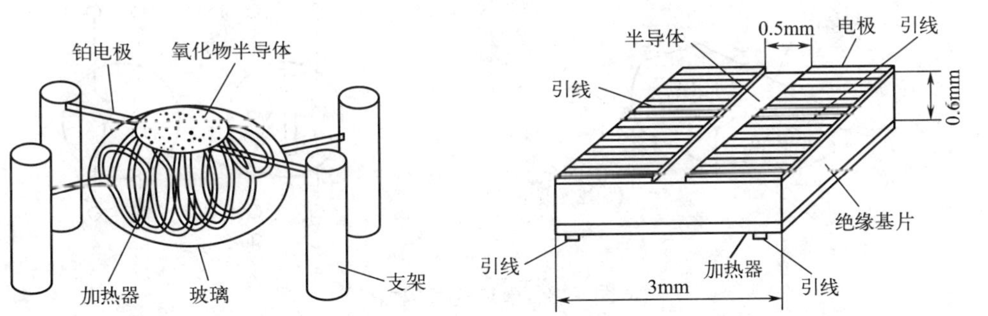

(a)烧结型气体传感器　　(b)薄膜型气体传感器

图 7-1　气体传感器结构图

在传统电阻式半导体气体传感器中，SnO_2 材料是代表，用 SnO_2 制成的气体传感器可用来监测空气中氧气分压保持不变的情况下微量成分的浓度。在传感器应用中，半导体材料通常以厚膜或薄膜的形式出现在包含金属膜电极和加热电阻的基片上。MQ307气体传感器就是一种利用 SnO_2 制备而成的气体传感器，主要被用来探测一氧化碳的浓度，具有较高的灵敏度和选择性，该传感器推动了一氧化碳可靠性探测设备领域的发展。

③ 厚膜型器件是将氧化物半导体材料与硅凝胶混合制成能印刷的厚膜胶，再印刷到装有电极的绝缘基片上，经烧结制成，如图 7-2 所示。这种工艺制成的元件机械强度高，离散度小，适合大批量生产。这些器件全部附有加热器，作用是将附着在敏感元件表面的尘埃、油雾等烧掉，加速气体吸附和反应，从而提高器件的灵敏度和响应速度。加热器的温度一般控制在 200～400℃。

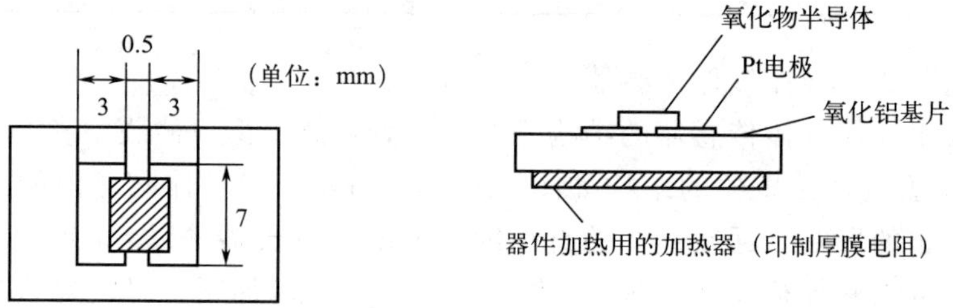

图 7-2　厚膜型器件

加热方式一般有直热式和旁热式两种，直热式气敏器件如图 7-3 所示，它是将加热丝、测量丝直接埋入 SnO_2 或 ZnO 等粉末中烧结而成的，工作时加热丝通电，测量丝用于测量器件阻值。该器件制造工艺简单、成本低、功耗小，但热容量小，易受环境气流的影响，测量回路和加热回路间因没有隔离而相互影响。

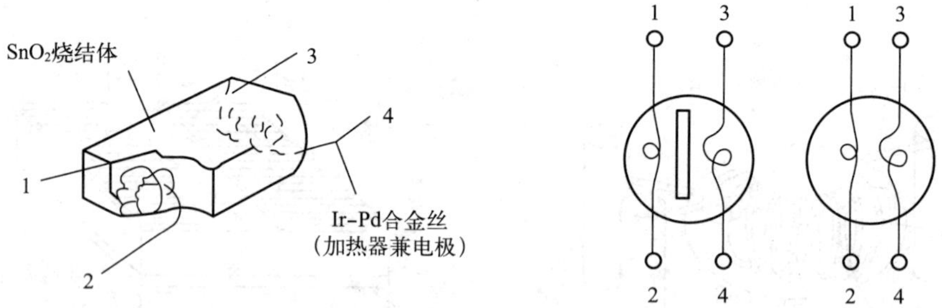

图 7-3　直热式气敏器件

旁热式气敏器件如图 7-4 所示，它是将加热丝放置在一个陶瓷管内，管外涂梳状金电极作测量极，在金电极外涂上 SnO_2 等材料。它克服了直热式结构的缺点，使测量极和加热极分离，避免了测量回路和加热回路的相互影响，器件热容量大，降低了环境温度对器件加热温度的影响，结构器件的稳定性、可靠性都较直热式器件好。

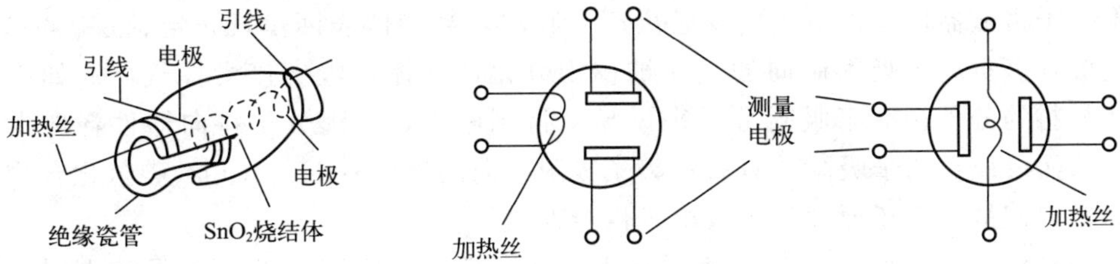

图 7-4 旁热式气敏器件

(2) 非电阻式半导体气体传感器

非电阻式半导体气体传感器也是半导体气体传感器之一。它是利用 MOS 二极管的电容-电压特性的变化、MOS 场效应晶体管（MOSFET）的阈值电压的变化以及电容型的物质浓度变化等物性而制成的气敏元件。此类器件的制造工艺成熟，便于器件集成化，因而其性能稳定且价格便宜。

二极管气体传感器是利用一些气体被金属与半导体界面吸收，继而对半导体禁带宽度或金属的功函数产生影响，而使二极管整流特性发生性质变化而制成；场效应晶体管是根据栅压阈值的变化来检测未知气体；电容型是根据 CaO-Ba-Ti_3O_9 等复合氧化物随 CO_2 浓度的变化，其静电容量有很大变化而制成。下面就以较为常见的二极管气体传感器为例进行详细介绍。

其制作过程是在 P 型半导体硅片上，利用热氧化工艺生成一层厚度为 50～100nm 的二氧化硅（SiO_2）层，然后在其上面蒸发 层钯（Pd）的金属薄膜，如图 7-5（a）所示。等效电路模型如图 7-5（b）所示。因钯对氢气（H_2）特别敏感，钯吸附了 H_2 会使钯失去电子的能力减弱，继而导致 MOS 管的 *C-U* 特性向负偏压方向平移，如图 7-5（c）曲线 *b* 所示。根据这一特性就可用于测定 H_2 的浓度。

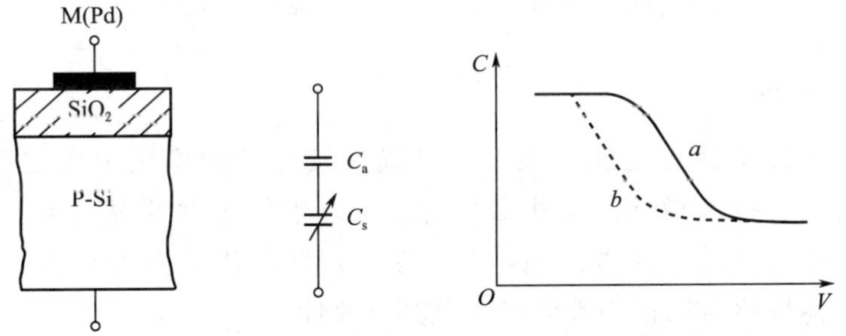

(a)结构　(b)等效电路　(c)*C-U*特性

图 7-5 MOS 二极管结构及等效电路

7.2.2 原理

半导体气体传感器是利用气体在半导体表面发生氧化和还原反应导致敏感元件阻值变化而制成的。如果半导体材料的分子相对于吸附分子来说易于失去电子，吸附分子将从器件夺得电子而变成负离子吸附，半导体表面呈现正电荷层。例如，氧气等具有负离子吸附倾向的气体被称为氧化性气体或电子接受性气体。如果半导体材料的分子相对于吸附分子来说易于得到电子，吸附分子将向器件释放出电子，从而形成正离子吸附。具有正离子吸附倾向的气体有 H_2、CO、碳氢化合物和醇类，它们被称为还原性气体或电子供给性气体。

当氧化性气体吸附到 N 型半导体上，还原性气体吸附到 P 型半导体上时，将使半导体载流子减少，从而使电阻值增大。当还原性气体吸附到 N 型半导体上，氧化性气体吸附到 P 型半导体上时，则载流子增多，使半导体电阻值下降。

如图 7-6 表示了气体接触 N 型半导体时所产生的器件阻值变化情况。空气中气体的含量恒定，器件阻值也相对固定。若气体浓度发生变化，其阻值也将变化。根据这一特性，人们可以从阻值的变化得知吸附气体的种类和浓度。N 型材料有 SnO_2、ZnO、TiO_2 等，P 型材料有 MnO_2、Cr_2O_3 等。

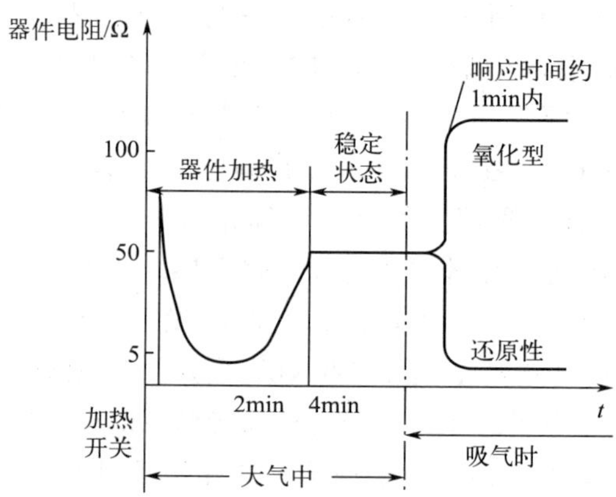

图 7-6　气体接触 N 型半导体时器件阻值变化

7.2.3　性能参数

半导体气体传感器的性能参数要求是确保其在各种应用中实现高效、准确、可靠的检测的关键技术指标。这些参数直接决定了传感器的灵敏度、选择性、稳定性、响应速度以及适用环境范围，对其深入理解与优化至关重要。以下将详细探讨半导体气体传感器的核心性能参数及其重要性。

（1）基线电阻

稳定基线：基线电阻（R_0）是指传感器在洁净空气或参考气体环境下的稳定电阻值。一个稳定且可重复的基线电阻是准确测量气体浓度的基础。基线漂移会直接影响测量精度。

材料影响：基线电阻受气敏材料本身（如 SnO_2、ZnO、WO_3 等）的固有电导率、材料形貌（颗粒大小、孔隙率）、工作温度以及制造工艺（如厚膜、薄膜）的显著影响。选择合适的材料和工艺是获得理想基线电阻的关键。

（2）响应值/灵敏度

核心指标：响应值是衡量传感器对目标气体敏感程度的核心参数。通常定义为传感器暴露在目标气体中时的电阻（R_g）与基线电阻（R_0）的比值（$S=R_0/R_g$，对于还原性气体；或$S=R_g/R_0$，对于氧化性气体）。灵敏度高意味着传感器对低浓度气体也能产生显著信号变化。

影响因素：灵敏度受气敏材料活性、工作温度、材料微观结构（比表面积、孔隙率）、催化剂修饰等因素强烈影响。优化这些因素旨在最大化由目标气体引起的电阻变化率。

（3）选择性

识别能力：选择性是指传感器区分目标气体与其他共存干扰气体的能力。这是半导体传感器面临的主要挑战之一，因为许多气敏材料对多种气体都有响应。

提高选择性主要通过以下途径实现。

工作温度调节：不同气体在特定材料上的最佳反应温度不同，通过精确控制工作温度可以选择性增强对目标气体的响应。

催化修饰：在气敏材料表面添加贵金属（如Pt、Pd、Au）或金属氧化物催化剂，可以促进特定气体的反应路径或抑制干扰气体的反应。

材料掺杂/复合：通过掺杂其他元素或形成复合材料，改变材料的能带结构和表面活性位点，增强对特定气体的吸附和反应。

传感器阵列与模式识别：使用多个具有不同选择性的传感器组成阵列，结合算法分析响应模式，是解决交叉敏感性问题的有效方法。

（4）响应时间与恢复时间

动态性能：响应时间（T_{resp}）指传感器从暴露于目标气体到其电阻达到稳定变化值一定比例（如90%）所需的时间。恢复时间（T_{rec}）指传感器从目标气体环境中移除后恢复到基线电阻一定比例（如90%）所需的时间。快速响应和恢复对于实时监测至关重要。

影响因素：响应/恢复速度主要取决于气体分子在材料表面的吸附/解吸动力学、材料内部体相扩散速率及工作温度。高温通常能加速反应和扩散，从而缩短反应时间，但也可能影响稳定性和选择性。材料的结构设计（如纳米化、多孔结构）也能显著改善动力学过程。

（5）温度依赖性

关键影响：半导体气敏材料的电导率和气体反应活性高度依赖于工作温度。温度变化会显著改变基线电阻、灵敏度、选择性和响应/恢复特性。环境温度的波动是传感器漂移和误差的重要来源。

温度控制：大多数半导体传感器需要内置加热器，将传感元件精确控制在最佳工作温度（通常在200～400℃范围）。加热器的温度稳定性和控制精度是保证传感器性能一致性的关键。同时，低功耗设计也是重要考量，尤其是在便携设备中。

（6）稳定性与可靠性

长期性能：稳定性指传感器在长时间运行中保持其基线、灵敏度、选择性等参数不变的能力。可靠性则指传感器在规定条件和时间内无故障工作的概率。

半导体传感器易受高温老化、敏感材料烧结、催化剂中毒、环境湿度、污染物累积等因素影响而性能退化。提高稳定性和可靠性的措施如下。

材料优化：使用热稳定性好的材料，开发抗烧结的纳米结构。

防护设计：采用物理或化学过滤器阻挡干扰物和毒化物。

湿度补偿：设计补偿电路或算法，或使用疏水材料/涂层降低湿度影响。

老化与校准：出厂前进行充分老化，并定期校准以补偿漂移。

坚固封装：确保传感器在恶劣环境下的机械和化学稳定性。

（7）功耗

由于需要用加热器来维持高温工作，功耗是半导体传感器（尤其是电池供电应用）的关键参数。降低加热器功耗（如优化加热器设计、采用脉冲加热模式、选择低温工作材料）是研发重点。

半导体气体传感器的性能参数要求是一个综合体系，涵盖了静态特性（基线电阻、灵敏度）、动态特性（响应/恢复时间）、选择性、环境适应性（温度依赖性、湿度影响）以及长期运行能力（稳定性、可靠性、功耗）。深入理解每个参数的内涵、相互关系及其影响因素，是设计、优化和应用半导体气体传感器的基石。通过持续的材料创新（如低维纳米材料、MOFs）、结构设计（如异质结、核壳结构）、微纳加工技术、先进的信号处理算法（如传感器阵列、机器学习）以及封装技术的进步，半导体气体传感器的性能，特别是在灵敏度、选择性、稳定性、功耗和成本方面，正在不断提升，使其在环境监测、工业安全、智能家居、医疗诊断、汽车电子等众多领域展现出越来越广阔的应用前景。

7.2.4 空气质量监测仪

空气质量监测仪作为现代环境感知与健康防护的关键设备，其核心作用在于实时、连续地监测和评估我们所处环境中的气体污染物浓度。从最初的实验室大型分析仪器起步，随着半导体传感技术的突破性进展，空气质量监测仪已迅速普及至工业安全、城市环境监测站、智能楼宇，乃至寻常百姓家庭中。它不仅能够提供直观的空气污染指数（AQI）显示，警示环境风险，更重要的是它作为环境自动控制系统或智能家居管理系统的“嗅觉”前端，为通风净化设备、智能新风系统提供实时、准确的污染气体浓度信号输入，驱动这些系统自动调整运行策略，有效改善室内外空气质量。在工业生产安全领域，监测仪更是守护人员安全的哨兵，一旦检测到可燃或有毒气体浓度超标，立即触发报警并联动排风或关断装置，防止事故发生。同时，持续积累的空气质量大数据，为环保政策制定、污染源追踪和流行病学研究提供了宝贵的基础数据支撑。

（1）结构

空气质量监测仪的核心感知单元正是半导体气体传感器，其基础结构通常包含敏感材料层、加热元件、电极和基底。敏感材料层是整个器件的灵魂，通常由金属氧化物半导体（如 SnO_2、WO_3、ZnO 等）构成，其微观结构如晶粒尺寸、孔隙率及表面状态对性能至关重要。加热元件集成于基底之上，为敏感材料提供必需的工作温度，以激活其表面反应活性并维持性能稳定。电极则负责收集敏感材料电导率变化产生的电信号，如图 7-7 所示。

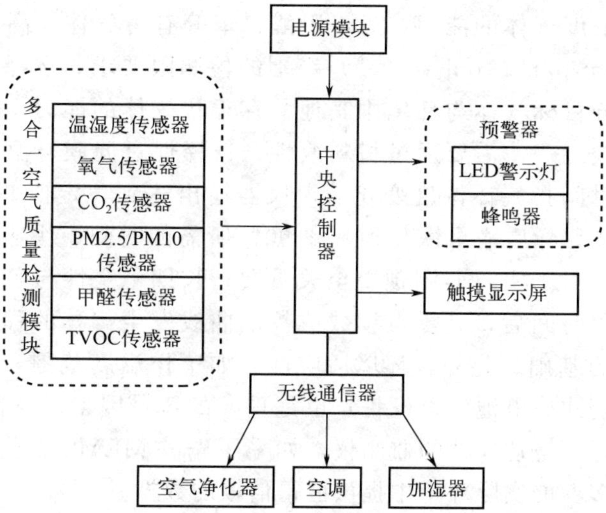

图 7-7　空气质量监测仪结构图

（2）工作原理

当监测仪暴露于目标气体环境中时，目标气体分子扩散至敏感材料表面，发生吸附和化学反应，显著改变材料的电导率。这种电导率的变化量与气体浓度在一定范围内呈现特定的函数关系（通常符合幂定律或对数关系）。现代高性能空气质量监测仪并非单一传感器，而是一个集成的系统，主要包括以下几个功能模块：传感器阵列单元，包含针对不同目标污染物（如甲醛、苯系物 TVOC、一氧化碳 CO、二氧化氮 NO_2、臭氧 O_3 等）优化的多个半导体传感器，有时还集成温湿度传感器用于环境补偿；信号调理单元，负责对传感器输出的微弱、非线性的原始电信号进行放大、滤波和初步线性化处理；微处理器单元，是系统的“大脑”，执行复杂的数据处理算法，包括基于校准曲线的浓度计算、多传感器数据融合、温湿度漂移补偿、基线自动校正（以克服长期漂移）以及空气质量指数（AQI）的综合计算；人机交互单元，通常包含显示屏用于实时显示各污染物浓度及 AQI，指示灯、蜂鸣器用于报警；通信接口单元，支持通过有线（如 RS485、以太网）或无线（如 Wi-Fi、蓝牙、LoRa、NB-IoT）方式将监测数据传输至云端平台或智能中控系统。此外，精密设计的采样气路或扩散结构确保目标气体能有效、均匀地接触传感器敏感表面，而电源管理单元则为整个系统提供稳定可靠的能量供应。这些组件的精密配合，使得现代空气质量监测仪能够准确识别和量化多种空气污染物。

（3）性能参数

评价一款空气质量监测仪的性能优劣，需关注其关键参数指标。量程定义了仪器能够有效测量的目标气体浓度范围，例如甲醛检测量程可能覆盖 0～5ppm（$1ppm=10^{-6}$），TVOC 量程覆盖 0～10mg/m^3 或更宽。灵敏度（或检测限）反映了仪器检测极低浓度气体的能力，对于甲醛、苯等有害气体，高灵敏度监测仪需达到 0.01ppm 甚至 ppb（$1ppb=10^{-9}$）级别的检测限要求。选择性（或交叉灵敏度）是指仪器区分目标气体与环境中其他共存干扰气体的能力，这是半导体传感器面临的主要挑战之一，需要通过材料改性、选择性过滤膜、温度调制或先进算法来优化。响应时间指气体浓度变化后，仪器输出达到稳定值 90% 所需的时间，恢复时间则是气体移除后输出恢复到基线 90% 所需的时间，快速响应与恢复（如几十秒至几分钟）对于实时监测预警至关重要。长期稳定性与零点漂移描述了仪器在持续工作一段时间后，其零点读数或校准曲线发生偏移的程度，低漂移是保证长期可靠测量的基础。此外，环境适应性（如工作温度范围、湿度影响）和功耗（尤其对于便携式或电池供电设备）也是重要的考量因素。高精度、高稳定性、低功耗且具备良好环境适应性的监测仪，如采用先进 MEMS 工艺和智能算法的型号，能够在复杂多变的实际环境中提供值得信赖的数据。

（4）应用场景

空气质量监测仪的应用场景已深入现代生活的各个层面。在居所环境中，家用监测仪如同空气质量的“晴雨表”，持续守护着家庭成员的健康。它们精准监测新装修房屋释放的甲醛、苯等有害气体浓度，警示潜在风险；实时监测烹饪、吸烟、清洁等日常活动产生的 TVOC 和 PM2.5 等颗粒物水平，联动空气净化器或新风系统自动开启和调节风量，有效去除污染物，维持室内空气清新。在办公场所、学校、医院等公共建筑中，大型楼宇空气质量监测系统通过部署多个监测节点，全面感知 CO_2 浓度（反映通风状况）、臭氧（来自复印设备）以及各类 TVOC，为智能楼宇管理系统提供数据依据，自动优化新风换气策略，创造健康、舒适、高效的工作和学习环境。在更广阔的工业领域，监测仪是安全生产不可或缺的保障。在石油化工、煤矿井下、涂装车间、半导体洁净室等存在易燃易爆或有毒气体风险的环境中，固定式或便携式监测仪时刻监测着甲烷、硫化氢、一氧化碳等危险气体的泄漏，一旦浓度超标立即触发声光报警并可能联动排风或关断设备，为人员生命安全筑起坚实防线。在宏观环境层面，遍布城市各处的固定式环境空气监测站以及移动监测车，构成了城市空气质量监测网络的核心。这些站点装备了包括半导体传感器在内的多种高精度分析仪器（通常半导体传感器用于补充或网格化低成本监测)，全天候监测 PM2.5、PM10、SO_2、NO_2、CO、O_3 等主要污染物浓度，实时生成和发布区域空气质量指数（AQI），为公众出行提供健康指引，为环保部门追踪污染源、评估治理措施效果、制定科学的环境政策提供关键数据支撑。此外，在交通工具（如车内空气质量监测）、农业（如畜禽舍有害气体监测）、特定行业过程控制等领域，空气质量监测仪也发挥着日益重要的作用。随着物联网、大数据和人工智能技术的深度融合，未来的空气质量监测仪将更加智能化、网络化和微型化，不仅能提供更精准、更丰富的实时数据，还能实现预测预警、污染溯源等高级功能，为构建健康人居环境、实现可持续发展目标提供更强大的技术支撑。

7.3 电化学式气体传感器

7.3.1 结构

相当一部分的可燃性有毒有害气体都有电化学活性，可以被电化学氧化或者还原。电化学式气体传感器便是利用这些反应来分辨气体成分、检测气体浓度。在 20 世纪 50 年代，便已经出现了用于氧气监测的电化学式气体传感器的雏形。到了 20 世纪 80 年代中期，小型电化学传感器开始用于检测允许暴露限值（PEL）范围内的多种不同有毒气体，并显示出了良好的敏感性与选择性。

电化学传感器依靠与被测气体发生反应并产生与气体浓度成正比的电信号来进行检测。典型的电化学传感器由传感电极（或工作电极）和反电极组成，并由一个电解层隔开。气体首先通过微小的毛细管型开孔与传感器发生反应，然后是水屏障，最终到达电极表面。采用这种方法可以允许适量气体与传感电极发生反应，以形成充分的电信号，同时防止电解质漏出传感器。穿过屏障扩散的气体与传感电极发生反应，传感电极可以采用氧化机理或还原机理。这些反应由针对被测气体而设计的电极材料进行催化。通过电极间连接的电阻器，与被测气体浓度成正比的电流会在正极与负极间流动。测量该电流即可确定气体浓度。由于该过程中会产生电流，电化学传感器又常被称为电流型气体传感器或微型燃料电池。在实际中，由于电极表面连续发生电化学反应，传感电极电势并不能保持恒定，在经过较长一段时间后，会导致传感器发生性能退化。

为改善传感器性能，人们引入了参考电极。参考电极安装在电解质中，与传感电极邻近，将稳定的恒电势作用于传感电极。参考电极可以保持传感电极上的这种电压值固定。参考电极之间没有电流流动。气体分子与传感电极发生反应，同时测量反电极，测量结果通常与气体浓度直接相关。施加于传感电极的电压值可以使传感器检测目标气体。电化学传感器对工作电源的要求很低。实际上，在气体监测可用的所有传感器类型中，它们的功耗是最低的。因此，这种传感器广泛用于包含多个传感器的移动仪器中。它们是有限空间应用场合中使用最多的传感器。电化学传感器通常对其目标气体具有较高的选择性。选择性程度取决于传感器类型、目标气体以及传感器要检测的气体浓度。

在各类电化学气体传感器中，用于检测氧气的传感器表现突出，它具有良好的选择性、可靠性和较长的预期寿命。其他电化学传感器容易受到其他气体的干扰。干扰数据是利用相对较低的气体浓度计算得出的。在实际应用中，干扰浓度可能很高，会导致读数错误或误报警。传感器内部电池的电解质是一种水溶剂，用憎水屏障予以隔离，憎水屏障具有防止水溶剂泄漏的作用。然而，和其他气体分子一样，水蒸气可以穿过疏水屏障。在大湿度条件下，长时间暴露可能导致过量水分蓄积并导致泄漏。电化学传感器对温度也非常敏感，因此通常采用内部温度补偿。

目前电化学传感器的主要供应商遍布全世界，主要分布在德国（IT 公司）、日本（FIGARO 费加罗公司）、美国，最近新加入的几个欧洲供应商有英国（Alpha）、瑞士（membrapor）等。中国在这个领域起步很早，但是产业化进程效果不佳。电化学式气体传感器主要利用两个电极间的化学电位差，一个在气体中测量气体浓度，另一个是固定的参比电极。电化学式传感器采用恒电位电解方式和伽伐尼电池方式工作。电解质分为液体电解质和固体电解质，而液体电解质又分为电位型和电流型。电位型利用电极电势和气体浓度之间的关系进行测量；电流型采用极限电流原理，以气体通过薄层透气膜或毛细孔的扩散过程作为限流措施，通过这一过程构建稳定的传质条件，最终产生正比于气体浓度或分压的极限扩散电流。

电化学传感器有两电极和三电极结构，主要区别在于有无参考电极。两电极 CO 传感器没有参考电极，结构简单，易于设计和制造，成本较低，适用于低浓度 CO 的检测和报警；三电极 CO 传感器引入参考电极，使传感器具有较大的量程和良好的精度，但参比电极的引入增加了制造工序和材料成本，所以三电极 CO 传感器的价格高于两电极 CO 传感器，主要用于工业领域。两电极电化学 CO 传感器主要由电极、电解液、电解液的保持材料、去除干扰气体的过滤材料、管脚等零部件组成。

7.3.2 原理

(1) 恒电位电解式气体传感器

恒电位电解式气体传感器的原理是：使电极与电解质溶液的界面保持一定电位进行电解，通过改变其设定电位，有选择地使气体进行氧化或还原，从而能定量检测各种气体。对于特定气体来说，设定电位由其固有的氧化还原电位决定，但又随电解时作用电极的材质、电解质的种类不同而变化。电解电流和气体浓度之间的关系如式（7-1）表示：

$$I = \frac{nFADC}{\sigma} \tag{7-1}$$

式中，I 为电解电流；n 为 1mol 气体产生的电子数；F 为法拉第常数；A 为气体扩散面积；D 为扩散系数；C 为电解质溶液中电极的气体浓度；σ 为扩散层的厚度。

在统一传感器中，n、F、A、D 以及 σ 是一定的，电解电流与气体浓度成正比。

自 20 世纪 50 年代出现 CIDK 电极以来，控制电位电化学气体传感器在结构、性能和用途等方面都得到了很大的发展。20 世纪 70 年代初，市场上就有了此类检测器，又先后出现了 CO、NxOy（氮氧化物）、H_2S 检测仪器等产品。这些气体传感器的灵敏度是不同的，一般是 H_2S>NxOy>CO，响应时间一般为几秒至几十秒，大多数小于 1 分钟；它们的寿命相差很大，短的只有半年，有的 CO 监测仪实际寿命已近 10 年。影响这类传感器寿命的主要因素为：电极受淹、电解质干枯、电极催化剂晶体长大、催化剂中毒和传感器使用方法等。

下面就以一款具体的 CO 传感器为例进行分析。TGS5xxx 系列是一种利用短路电流作为传感器信号的质子导体 CO 传感器。气敏层的基本组成部分包括工作电极、对电极以及贴合于它们之间的质子导电膜。当传感器置于洁净的空气中，工作电极与对电极之间没有通过外部导线连接时，即在开路条件下，工作电极和对电极上分别发生电化学反应［式（7-2）］，使工作电极和对电极上都形成平衡电位（E_1）。

$$2H^+ + \frac{1}{2}O_2 + 2e^- \rightleftharpoons H_2O \tag{7-2}$$

将传感器置于 CO 与空气的混合气体中，处于开路条件时，在工作电极上，同时以相同的速度发生着 CO 的阳极氧化反应（7-3）和氧气的阴极还原反应（7-4），由此形成局部电池。

$$CO + H_2O \longrightarrow CO_2 + 2H^+ + 2e^- \tag{7-3}$$

$$2H^+ + \frac{1}{2}O_2 + 2e^- \longrightarrow H_2O \tag{7-4}$$

结果，工作电极的电位从 E_1 变为混合电位（E_M），正常情况下此时阳极电流 $i_{(2)}$ 和阴极电流 $i_{(3)}$ 的绝对值相等，处于稳定状态（图 7-8）。到达工作电极的 CO 流入量受到扩散控制系统的限制（例如，TGS5xxx 系列传感器中使用了不锈钢气体扩散控制片），得到与 CO 浓度呈线性正比关系的扩散极限电流（图 7-8）。由于在对电极上只发生了式（7-2）反应，所以对电极的电位仍然是 E_1。因此，这样的电位差型（混合电位型）传感器的灵敏信号可以由 $E_M - E_1$ 给出，$E_M - E_1$ 信号与

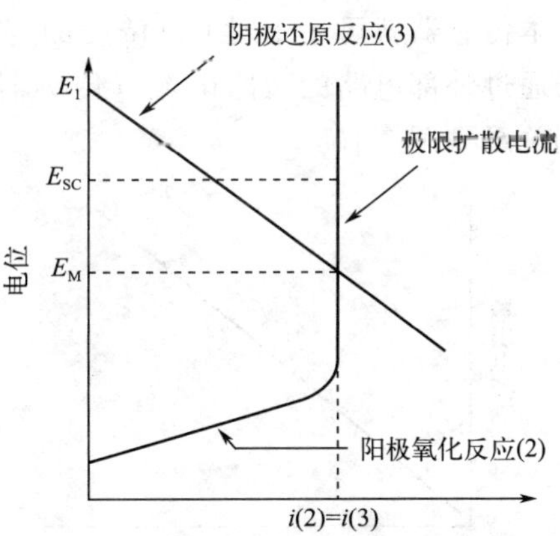

图 7-8　CO 的阳极氧化反应和 O_2 阴极还原反应之典型分极曲线图

空气中 CO 浓度的对数呈比例关系。

当空气中存在 CO 时，通过外部导线将工作电极与对电极连接，形成短路状态后，如图 7-9 所示，两个电极的电位转变为介于 E_1 和 E_M 之间的一个相同值（E_{sc}）。由于工作电极的电位朝着使式（7-4）反应减速的方向变化，工作电极上消耗的质子逐渐减少。因此，多余的质子将通过质子导电膜从工作电极向对电极转移，并且这些多余的质子数量与空气中的 CO 浓度成正比，它们在对电极上被式（7-4）的反应所消耗。这个过程就是等价电子作为短路电流（即传感器输出电流）通过外部导线从工作电极向对电极的流动，它也与 CO 浓度成线性比例关系。

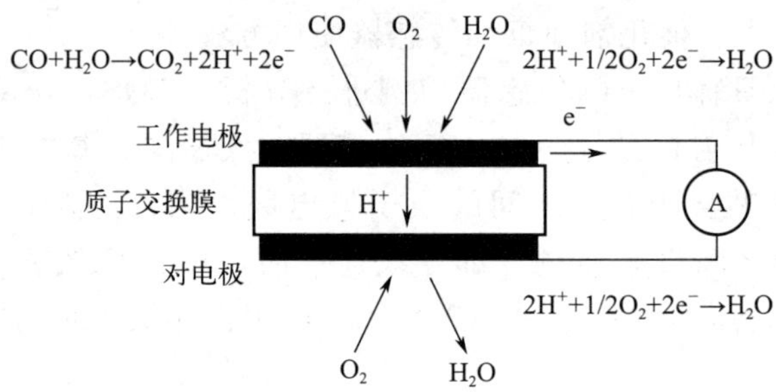

图 7-9　短路电流式质子导体 CO 传感器的感应原理

将传感器移回至洁净空气中时，工作电极上只发生式（7-2）反应，由于两个电极之间的电位差消失，外部导线中电流无法通过。因此，本传感器对 CO 具有可逆的安培响应。

在这种短路电流式 CO 传感器中 CO 浓度与传感器输出电流之间呈线性关系，这使其和传感器响应与空气中 CO 浓度对数成正比关系的电位差式 CO 传感器相比，可感应浓度更为精确。只要通过使用已知 CO 浓度的气体对输出电流进行校准，本传感器就可用于对 CO 浓度的定量检测。

通过外部电路的短路电流（传感器输出电流）与气体浓度呈式（7-5）所示的比例关系（图 7-10）。

$$I = F\frac{A}{t}DCn \tag{7-5}$$

式中，I 为传感器输出电流；F 为法拉第常数；A 为质子交换膜针孔面积；t 为质子交换膜厚度；D 为气体扩散系数；C 为气体浓度；n 为反应电子数。

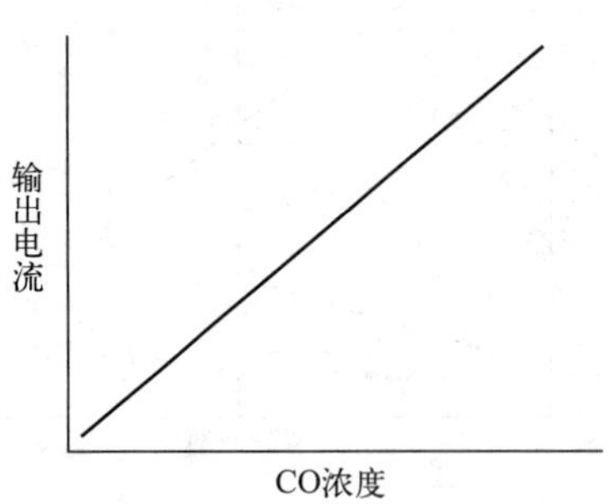

图 7-10　CO 浓度与传感器输出电流的关系

（2）电量式气体传感器

电量式气体传感器的原理是：被测

气体与电解质溶液反应生成电解电流，将此电流作为传感器的输出，来检测气体浓度，其工作电极、对电极都是Pt电极。

现以检测Cl_2为例来说明这种传感器的工作原理。将溴化物MBr（M是一价金属）水溶液介于两个铂电极之间，其离解成Br^-，同时水也离解成H^+，在两铂电极间加上适当电压，电流开始流动，后因H^+反应产生了H_2，电极间发生极化，电流停止流动。此时若将传感器与Cl_2接触，Br^-被氧化成Br_2。而Br_2与极化产生的H_2发生反应，电极部分的H_2被极化解除，从而产生电流。该电流与Cl_2浓度成正比，所以检测该电流就能检测Cl_2浓度。除Cl_2外，这种方式的传感器还可以检测H_2S、NH_3等气体。

（3）原电池型气体传感器

它也被称为伽伐尼电池型气体传感器，或燃料电池型气体传感器、自发电池型气体传感器。其原理与日常使用的干电池相同，不同的是电池的碳锰电极被气体电极所替代。以氧气传感器为例，氧阴极被还原，电流流到阳极，此处铅金属被氧化。因此，电流的大小与氧气的浓度直接相关。这种传感器可以有效检测氧气、二氧化硫、氯气等气体。

7.3.3 性能参数

（1）灵敏度与检测限

高灵敏度：灵敏度是指传感器输出信号（通常是电流或电压）随目标气体浓度变化的程度。高灵敏度意味着传感器能够检测到更低浓度的目标气体或对浓度变化做出更显著的响应。

低检测限：检测限（LOD）是传感器能够可靠检测到目标气体的最低浓度。低检测限对于衡量气体监测、早期预警等应用至关重要。

影响因素：灵敏度与检测限主要受工作电极的催化活性、电极面积、电解质特性以及传感器的整体设计（如扩散屏障）影响。优化电极催化剂（如Pt、Au等贵金属或金属氧化物）、增大有效反应面积、选择高离子电导率电解质以及控制气体扩散速率是提升灵敏度和降低检测限的关键。

（2）选择性

高选择性：选择性是指传感器区分目标气体与共存干扰气体的能力。高选择性确保传感器只对特定目标气体产生响应，避免误报。

催化剂选择：使用对目标气体反应具有高催化活性但对干扰气体呈惰性的材料。

电极电位控制：精确控制工作电极相对于参比电极的电位（偏压），使其只激发目标气体的电化学反应。

（3）响应时间与恢复时间

快速响应时间：响应时间是指传感器从暴露于目标气体到其输出信号达到稳定值（如90%）所需的时间。快速响应对于实时监测和快速预警至关重要。

快速恢复时间：恢复时间是指目标气体移除后，传感器输出信号恢复到基线值（如10%）所需的时间。快速恢复使传感器能更快地准备下一次检测。

影响因素：气体扩散速率（受扩散屏障设计和孔隙率影响）、电化学反应动力学（受催化剂活性和温度影响）、电解质迁移速率以及传感器结构设计共同决定了响应/恢复性能。优化扩散路径、使用高活性催化剂和保持适宜工作温度可显著改善动态性能。

（4）线性范围与量程

宽线性范围：线性范围是指传感器输出信号与气体浓度呈良好线性关系的浓度区间。宽线性范围使传感器能在更广的浓度范围内提供准确的定量测量，减少校准点。

合适量程：量程是指传感器设计能有效测量的目标气体浓度上限。需根据具体应用（如ppm级环境监测）选择合适的量程。

限制因素：电极活性位点饱和、电解质反应物消耗、扩散限制等因素会限制线性范围和高量程端的性能。设计需平衡灵敏度与量程需求。

（5）稳定性、重复性与寿命

长期稳定性：指传感器在长时间工作（数月至数年）后，其基线信号和灵敏度保持恒定的能力。稳定性是可靠运行的基础。

高重复性：指在相同条件下，传感器对相同浓度气体多次测量的输出信号一致的程度。

使用寿命：电化学传感器通常具有有限的使用寿命（1～3年居多），主要由电解质消耗（如溶剂挥发、反应物耗尽）、电极催化剂中毒或失活、电极腐蚀等因素决定。

维护要点：使用稳定的电解质体系（如固态/凝胶聚合物电解质减少挥发）、抗中毒催化剂，优化封装防止泄漏和污染物侵入、定期校准是提升稳定性、重复性和延长寿命的关键。

（6）温度依赖性

温度影响显著：电化学传感器的性能（灵敏度、基线、响应时间）通常对温度变化非常敏感。温度升高一般会加快反应速率和扩散速度，增加灵敏度，但也可能加剧噪声和副反应。

温度补偿：内置温度传感器和补偿电路对于在不同环境温度下维持测量精度至关重要。选择温度系数小的电解质和组件也有助于降低温度敏感性。

（7）零点电流/基线稳定性与噪声

低零点电流/稳定基线：零点电流是指传感器在无目标气体（纯净空气或氮气）时的输出电流。低且稳定的零点电流是准确测量的前提。

低噪声：传感器的输出信号应尽可能平滑，减少随机波动，以提高信噪比和检测限。

影响因素：电极杂质、电解质杂质、参比电极漂移、微小泄漏等都会影响零点和噪声水平。高纯度材料、精密的制造工艺和良好的密封性是其保障。

（8）交叉敏感性

交叉气体影响：指非目标气体（干扰气体）对传感器输出信号产生的响应。这种干扰可能导致误读。

量化与管理：需明确列出主要干扰气体及其对目标气体测量的影响程度（通常以等效浓度表示）。通过前述提高选择性的方法（催化剂、电位、过滤膜）来管理和最小化交叉敏感性。

电化学式气体传感器的性能参数要求是一个多维度、相互关联的体系，涵盖了从核心检测能力（灵敏度、选择性、检测限）、动态特性（响应/恢复时间）、测量范围（线性范围、量程）到长期可靠性（稳定性、寿命、温度依赖性、基线、噪声）和抗干扰能力（交叉敏感性）等各个方面。深入理解并持续优化这些参数，是提升电化学传感器在工业安全、室内空气质量监测、汽车尾气分析、医疗呼气诊断等领域应用性能和可靠性的根本途径。尽管电化学式气体传感器存在寿命和选择性等挑战，但其低成本、低功耗、易于小型化和良好的低浓度检测能力，使该技术在众多气体检测场景中仍是不可或缺的技术选择。未来，新型电极材料（如纳米结构、MOFs）、固态电解质、微纳制造技术以及智能算法的融合，有望进一步突破电化学传感器的性能瓶颈。

7.3.4 应用

电化学式气体传感器凭借其高精度、高选择性、灵敏度高、体积小及功耗低等优势，成为检测和监测各类气体浓度的关键技术，广泛应用于多种复杂环境下的众多场景。在工业安全与健康监测领域，它用于检测一氧化碳、硫化氢、氨气、氯气等有毒气体，保护工人免受危害，同时在化工厂和油气行业进行气体泄漏检测，有效预防爆炸或中毒事故。在空气质量监控方面，该传感器既用于检测室内环境中的一氧化碳、二氧化氮、臭氧等有害气体以改善生活空间，也部署在城市空气质量监测站，实时检测二氧化氮、臭氧、二氧化硫等污染气体，为政府制定环保政策提供数据支持。在汽车与交通领域，它用于监测汽车尾气中的一氧化碳、氮氧化物等有害气体，确保排放达标，并应用于隧道和地下停车场等封闭空间，监测一氧化碳浓度以保障通风和人员安全。在医疗应用中，电化学传感器可检测呼吸气体（如呼出的二氧化碳）以评估患者呼吸状态，并在手术中监测麻醉气体浓度，保障患者安全。在智能家居与便携设备方面，它是一氧化碳家用报警器的核心部件，用于防范家庭一氧化碳泄漏风险，同时也集成在便携式气体检测仪中，供急救人员和消防员等个人防护使用。在农业与环保领域，该传感器用于监测温室大棚内的二氧化碳浓度以优化植物生长环境，并在垃圾填埋场或沼气生产中监测甲烷及其他有害气体的浓度。最后，在矿井安全方面，电化学传感器对于检测煤矿环境中的一氧化碳、甲烷等易燃易爆或有毒气体至关重要，是防止瓦斯爆炸和中毒事故的关键设备。其广泛的适用性和优异的性能使其在上述各个领域发挥着不可或缺的作用。

7.4 声表面波气体传感器

7.4.1 结构

声表面波（SAW）气体传感器的基本构造包括压电材料、叉指换能器（IDT）和振荡器。它的核心部件是 SAW 振荡器，该振荡器是由 SAW 谐振器（简写为 SAWR）或 SAW 延迟线与放大器以及匹配电路组成，如图 7-11 所示。

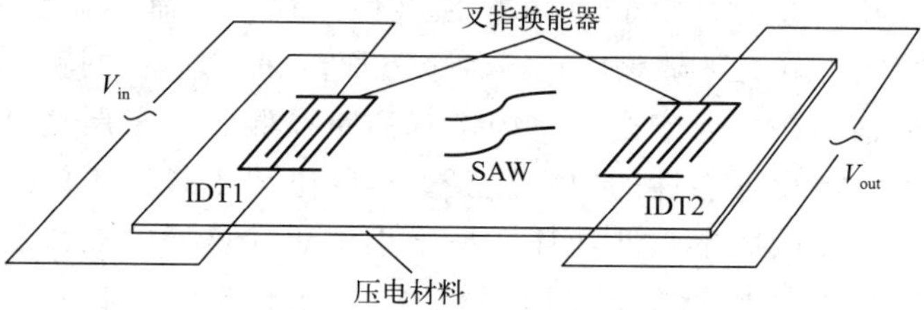

图 7-11 SAW 器件的基本结构

（1）SAW 叉指换能器

图 7-12 所示为叉指换能器的基本结构，它由若干沉积在压电衬底材料上的金属膜电极组成，这些电极条互相交叉放置，两端由汇流条连在一起，其形状如同交叉平放的两排手指，故称为均匀叉指换能器。叉指周期 $T=2a+2b$。两相邻电极构成一电极对，其相互重叠的长度为有效指长，即换能器的孔径，记为 W。若换能器的各电极对重叠长度相等，则称为等孔径（或等指长）叉指换能器。

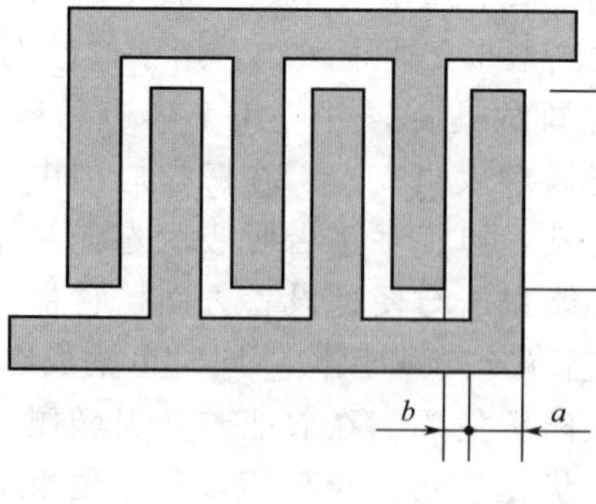

图 7-12 叉指换能器的基本结构

（2）SAW 振荡器

SAW 振荡器有两种实现方式：一种以 SAW 谐振子（surface acoustic wave resonator，SAWR）为核心；另一种以 SAW 延迟线为核心，再配以适当的放大器。

SAWR 由一对叉指换能器及金属栅条式反射器构成，如图 7-13 所示。两个叉指换能器一个用作发射 SAW，另一个用作接收 SAW。叉指换能器及反射器用半导体集成工艺将金属铝沉积在压电基底材料上，再用光刻技术将金属薄膜刻成一定尺寸及形状的特殊结构。如图 7-14 所示，谐振器型 SAW 振荡器由 SAW 谐振器和放大电路组成。单端对谐振器的 IDT 既是发射端，也是接收端；双端对谐振器中的一个 IDT 作为发射端，另一个 IDT 作为接收端。SAW 谐振器的输出信号经放大后正反馈到输入端，只要放大器的增益能够补偿谐振器及其导线的损耗，同时又满足一定的相位条件，谐振器就可以起振并维持振荡状态。

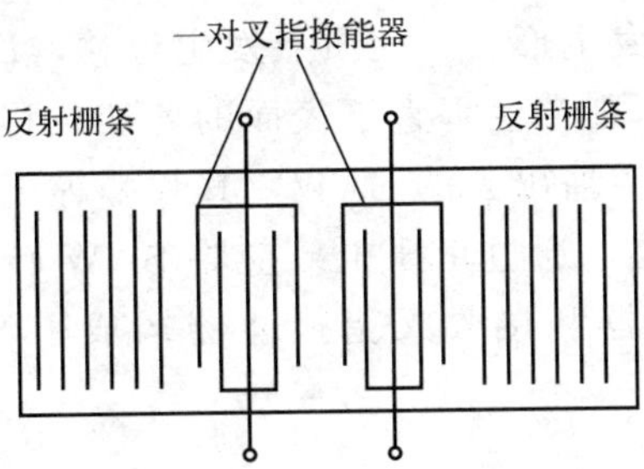

图 7-13 SAWR 基本结构

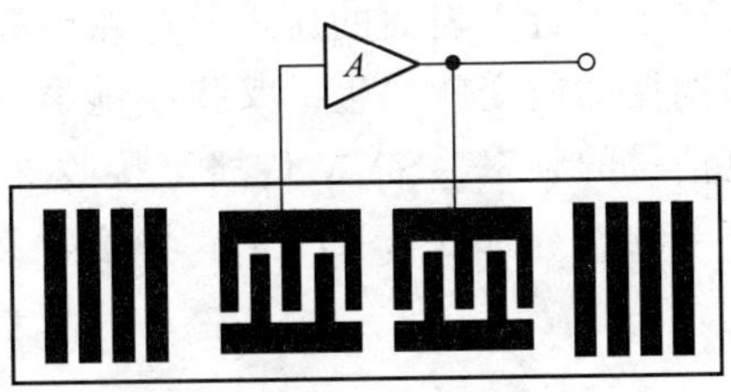

图 7-14 谐振器型 SAW 振荡器示意图

SAW 延迟线由两个叉指换能器组成。由发射换能器产生 SAW，利用声波的行波特性，在波的传播方向上，设置的另一个叉指换能器将接收到的声波转换成电信号输出。如图 7-15 所示，延迟线型 SAW 振荡器由声表面波延迟线和放大电路组成。输入换能器 T_1 激发出声表面波，其传播到换能器 T_2 后转换成电信号，经放大后反馈到换能器 T_1，以保持振荡状态。

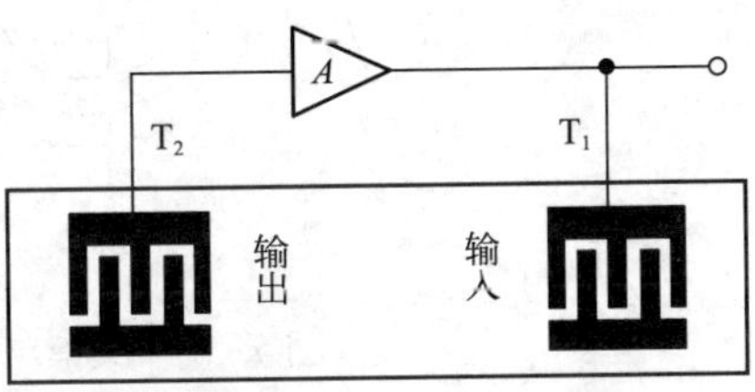

图 7-15 延迟线型 SAW 振荡器示意图

7.4.2 原理

SAW 气体传感器以 SAW 延迟线振荡器为基础。在延迟线的两个叉指换能器之间，即 SAW 的传播路径上敷设一层具有特殊选择性的吸附膜，该吸附膜只对所需检测的气体有吸附作用。SAW 气体传感器的敏感机理随吸附膜的不同而不同。当薄膜是绝缘材料时，它吸附气体引起吸附膜密度的变化，进而引起 SAW 延迟线振荡器频率的偏移；当薄膜是导电体或金属氧化物半导体膜时，主要是由电导率的变化引起 SAW 延迟线振荡器频率的偏移。

（1）SAW 传感器的基本原理

SAW 传感器的基本原理是在压电材料表面形成叉指换能器，构成 SAW 谐振器或 SAW 延迟线，适当设计 SAW 振荡器，使其对微细的被测量敏感。一般是使被测量作用于 SAW 的传播路径，引起 SAW 的传播速度发生变化，从而使振荡频率发生变化，通过频率的变化检测被测量。下面以叉指换能器激励 SAW 的物理过程来说明声表面波传感器的原理。

利用压电材料的逆压电效应与正压电效应，叉指换能器既可以作为发射换能器，用来激励 SAW，又可作为接收换能器，用来接收 SAW。因而这类换能器是可逆的。

当在发射叉指换能器上施加适当频率的交流电信号后，在压电基片内部的电场分布如图 7-16 所示。该电场可分解为垂直与水平两个分量 E_V 和 E_H。由于基片的逆压电效应，这个电场使整条电极间的材料发生形变，使质点发生位移，E_H 使质点产生平行于表面的压缩（膨胀）位移，E_V 则产生垂直于表面的剪切位移。这种周期性的应变就产生沿叉指换能器两侧表面传播出去的 SAW，其频率等于所施加电信号的频率。SAW 传播至接收叉指换能器，通过正压电效应将 SAW 转换为电信号输出。如图 7-17 所示，发射叉指换能器和接收叉指换能器构成了 SAW 器件。

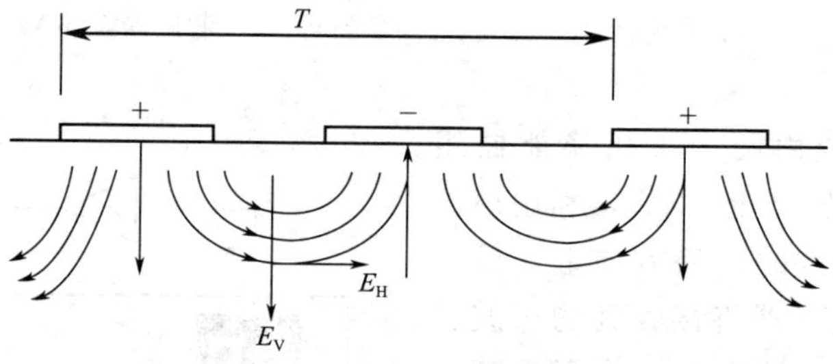

图 7-16　叉指电极下某一瞬间的电场分布

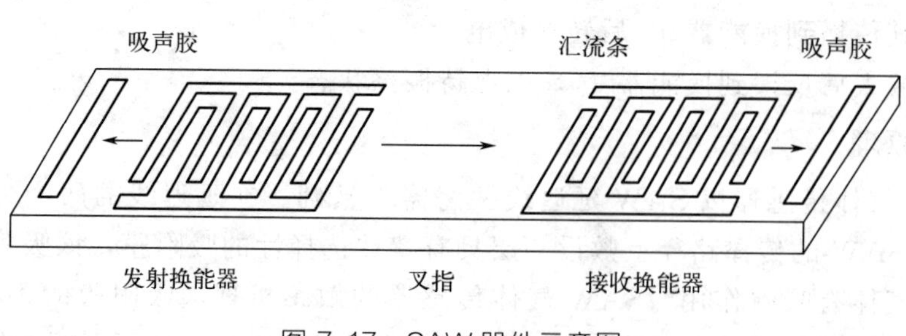

图 7-17　SAW 器件示意图

(2) SAW 气体传感器的基本原理

SAW 气体传感器的基本结构如图 7-11 所示，在以压电材料为衬底的表面上，一端为输入叉指换能器（IDT1），另一端为输出叉指换能器（IDT2），两者之间的区域沉积了针对特定气体敏感的薄膜。该薄膜与被测气体发生相互作用，导致界面膜的物理性质发生变化，从而改变了 SAW 的速度或频率，因此通过测量声波的频率偏移或相位延迟可以反演得到气体的种类、浓度等待测量。下面以测量声波的频率偏移为例来说明声表面波气敏传感器的工作原理。

SAW 气体传感器提供的信号可用下面关系式表达：

$$f = f_0^2 h\rho(k_1 + k_2 + k_3) - \frac{\mu_0}{\nu_R^2} f_0^2 h\left(4k_1 \frac{\lambda_0 + \mu_0}{\lambda_0 + 2\mu_0} + k_2\right) \tag{7-6}$$

式中，f 为覆盖层由于吸附气体而引起的 SAW 频移的大小；k_1，k_2，k_3 为压电基片材料常数；f_0 为 SAW 振荡器未受扰动时的振荡频率；h 为薄膜厚度；ρ 为薄膜材料密度；μ_0 为薄膜材料剪切模量；λ_0 为薄膜拉曼常数；ν_R 为受扰动时的 SAW 相速度。

由式（7-6）可知，传感器响应 f 主要取决于薄膜密度 ρ 的变化。应当指出，式（7-6）只适用于非常薄的膜（膜厚小于波长的 0.2%），对于较厚的膜，式（7-7）给出信号幅度的估计值。当采用有机膜时，由于其剪切模量 μ_0 非常小，此式中第二项可以忽略，此时：

$$f = f_0^2 h\rho(k_1 + k_2 + k_3) \tag{7-7}$$

当薄膜采用导电材料或金属氧化物半导体材料时，由于薄膜的电导率随所吸附气体的浓度而变，这会引起 SAW 波速漂移和衰减，从而振荡频率发生变化。在这种情况下，SAW 气体传感器的输出响应可以用下面的关系式表达：

$$f = -\frac{k^2}{2} f_0 \frac{\sigma_0^2 h^2}{\sigma_0^2 h^2 + \nu_R^2 C_S^2} \tag{7-8}$$

式中，k 为电耦合系数；Cs 为薄膜材料常数；σ_0 为薄膜电导率。由式（7-8）可得，当采用导电膜或金属氧化物半导体膜时，膜层电导率的变化是 SAW 气体传感器响应的主要因素。

7.4.3 性能参数

SAW 气体传感器的性能参数要求是确保其在各种应用中高效、准确工作的关键技术指标。这些性能参数直接关系到传感器的灵敏度、稳定性和适用范围，因此对其优化和调整至关重要。以下将详细探讨这些参数及其重要性。

(1) 中心频率

高中心频率：SAW 谐振器的中心频率通常需要达到 GHz 范围。这是因为高频谐振器能够更精确地检测微小的频率偏移，从而提高传感器的测量分辨率。

频率选择：中心频率的选择取决于具体的应用场景和目标气体的特性，例如，在氢气检测中，较高的中心频率有助于提高响应速度和灵敏度。

（2）品质因数

高 Q 值：Q 值是衡量 SAW 谐振器能量损耗的一个指标，高 Q 值意味着谐振器具有较低的能量损耗，从而有助于提高传感器的灵敏度和稳定性。

影响因素：Q 值受多种因素影响，包括压电材料的选择、叉指换能器（IDT）的设计以及制作工艺等。通过优化这些因素，可以有效提升 Q 值。

（3）频率温度系数（TCF）

低 TCF 值：TCF 是衡量 SAW 谐振器频率随温度变化的重要参数。低 TCF 值有助于减小环境温度变化对传感器性能的影响，提高其在不同温度条件下的稳定性。

材料选择：选择具有低 TCF 的压电材料，如特定切割的石英或铌酸锂，是降低 TCF 的有效方法。

（4）机电耦合系数

高耦合系数：机电耦合系数是表征压电效应效率的参数，较高的机电耦合系数有助于提高声表面波的生成和传播效率，从而提高传感器的灵敏度。

优化设计：通过合理设计叉指换能器（IDT）的结构和尺寸，可以有效提高机电耦合系数。

（5）敏感膜特性

吸附能力：敏感膜的吸附和解吸能力直接影响传感器对气体的检测精度和响应时间。选择具有高吸附能力和快速解吸能力的敏感膜材料，如石墨烯、氧化锌量子点等，可以显著提高传感器性能。

修饰催化剂：通过添加催化剂（如 Pt、Pd 等）来修饰敏感膜表面，可以提高其对特定气体的选择性，从而提升传感器的抗干扰能力和适用范围。

（6）稳定性与可靠性

长期稳定运行：SAW 气体传感器需要在各种环境条件下保持长期稳定运行，这要求其具备良好的机械稳定性和化学稳定性。

抗干扰性：通过优化传感器设计和选择适当的工作模式（如延迟线型或谐振型），可以提高其抗电磁干扰和环境噪声的能力。

总的来说，声表面波气体传感器的性能参数要求涵盖了频率特性、能量损耗、温度稳定性、机电耦合系数、敏感膜特性以及整体稳定性和可靠性等多个方面。通过优化这些参数，可以显著提升传感器的灵敏度、准确性和适用范围，以满足不同应用场景的需求。未来，随着新型材料和技术的应用，声表面波气体传感器的性能和应用范围预计将进一步提升和扩大，为环境监测、医疗健康等领域带来更多创新和便利。

7.4.4 应用

SAW 气体传感技术以其高灵敏度和易于集成化的特点，被广泛应用于多个领域。这种技术利用声表面波在压电材料表面传播的特性，通过涂覆特定的气敏薄膜来检测气体的浓度和种类。以下将详细分析 SAW 气体传感器在不同领域的具体应用及其作用。

（1）环境监测

大气质量监测：SAW 气体传感器用于检测大气中的有害气体，如 SO_2、NO_2、CO、NH_3 等。这些传感器能够实时监测空气质量，为环保部门提供准确的数据支持。下面以监测 SO_2 为例说明。为了补偿温度、湿度、压力等环境因素，在实际应用中，SAW 气体传感器可以使用双通路结构，图 7-18 所示为二氧化硫（SO_2）SAW 气敏传感器的原理结构图。

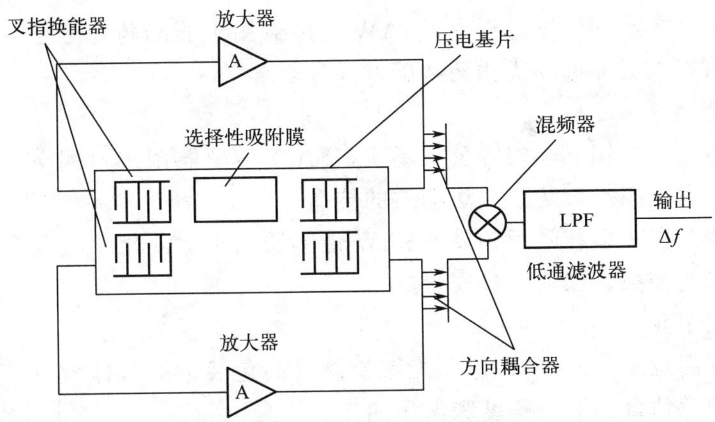

图 7-18 二氧化硫气敏传感器的原理结构图

两个相同的延迟线并列设置在同一基片上，并与放大器连接成 SAW 延迟线振荡器，其中一个延迟线的声传播路径上敷有三乙醇胺，它对 SO_2 有吸附作用。整个基片放在一个容积为 144mL 的密封盒中，盒内保持室温。盒内充入 SO_2 气体后，三乙醇胺敷层吸附 SO_2，使声传播路径的表面性质改变，从而导致振荡器频率也随之改变。另一个没有敷层的振荡器的频率不受 SO_2 的影响，故两个振荡器的输出经混频后，得到的差频随 SO_2 含量的多少而变化。

采用双通道结构，温度的影响得到了补偿。该传感器能够分辨 SO_2 的最低浓度为 0.07ppm，当浓度再降低时，差频输出没有重复性。能检测的浓度上限为 22ppm，当浓度高于该值时，SAW 由于敷层吸收 SO_2 过多，衰减太大，以致振荡器不能起振。把敷层暴露在不含 SO_2 的大气中，几分钟后，敷层中的 SO_2 即被排出。

自 1979 年 Wohltjen 和 Dessy 首次报道了 SAW 气敏传感器以来，经过 40 多年的研究与发展，结合多种敏感膜材料，目前已研制出针对 SO_2、NO_2、CO_2、H_2S、丙酮、甲醇等多种有毒污染气体检测的 SAW 气敏传感器，广泛应用于环境监测、临床分析等民用领域。

（2）化工过程控制

化学反应监控：在化工生产过程中，可以使用 SAW 传感器监测反应器内的气体成分变化，从而精确控制化学反应的条件和进度。

（3）汽车尾气检测

尾气排放监测：SAW 传感器用于实时监测汽车尾气的主要成分，如二氧化碳、一氧化碳、氮氧化物等，确保车辆排放符合环保标准。

（4）医疗健康

疾病诊断：SAW 传感器能够检测呼吸气体中的生物标志物，如丙酮、甲烷等，这些标志物与糖尿病、胃肠道疾病等健康问题相关。

药物开发：在药物研发过程中，SAW 传感器用于监测药物分子与靶标的相互作用，帮助研究人员筛选和优化药物配方。

（5）安全检测

毒品检测：在机场、车站等公共场所，SAW 传感器用于检测空气中的毒品成分，如大麻、海洛因等，防止非法物质的传播。

毒气预警：在军事和民用领域，SAW 传感器用于检测化学战剂和其他有毒气体，提供及时的警报，保障人员安全。

（6）食品工业

食品新鲜度检测：SAW 传感器能够检测食品包装中的气体成分，如乙烯、硫化氢等，从而评估食品的新鲜度和保质期。

质量控制：在食品加工过程中，通过监测特定气体的含量，SAW 传感器可以帮助厂家控制食品的质量，提高产品的稳定性。

（7）智能家居

室内空气质量监测：在智能家居系统中，SAW 传感器用于监测室内空气质量，检测甲醛、VOCs 等污染物，提升居住环境的舒适度。未来，随着技术的不断进步和应用领域的进一步拓展，SAW 气体传感器将在更多场景中发挥重要作用，为人们的生活和工作带来更多便利和安全保障。

7.5 发展与展望

大气环境监测传感技术正经历革命性演进，其发展轨迹深刻重塑着我们对环境质量的认知方式与管理模式。从最初的单一参数检测到如今的多组分同步分析，从离线采样到实时连续监测，传感技术已构筑起大气环境保护的第一道防线。当前，这一领域正沿着智能化、微型化、多功能化、集成化和网络化五大核心方向迅猛发展，不仅持续突破技术极限，更不断拓展应用边界。全球智能传感器市场规模在 2025 年达到 572.5 亿美元，而中国作为增长最快的市场之一，2023 年传感器产业规模已达 1796 亿元，年增速超过 14%。这一繁荣景象的背后，是传感技术在环境监测领域不可替代的价值——它让看不见的污染变得可量化、可追踪、可预警，为环境治理提供了科学依据。展望未来，大气环境监测传感技术将沿着以下关键路径持续演进。

① 精度提升与极限检测　传感器将向分子级检测灵敏度迈进。电化学传感器通过纳米级电极修饰提升对ppb级污染物的捕捉能力；半导体传感器借助量子点材料实现单分子吸附识别。平尚电子科技正在开发的“原子级精度”电阻技术，将测量误差控制在±0.01%以内，以满足L5级自动驾驶对传感器的苛刻要求。这种精度跃升将使早期污染预警成为可能，为环境干预创造宝贵的时间窗口。

② 极端环境适应性　未来传感器需适应更苛刻的物理化学环境。车载传感器的工作温度范围将拓展至−55～175℃，耐高温材料如碳化硅（SiC）复合介质将广泛应用。平尚电子科技开发的氮化铝陶瓷基板与金锡共晶焊工艺，将热阻降至10℃/W，耐机械振动等级提升至50g，为引擎舱近端传感器提供了可靠解决方案。在极地、火山口等特殊环境的大气监测中，这类技术将发挥关键作用。

③ 智能自演进能力　新一代传感器将具备自校准、自诊断、自适应的能力。平尚电子科技研发的智能电阻模组可通过I^2C接口反馈老化数据与健康状态（SOH），支持预测性维护。结合区块链技术的传感器数据存证系统，则可实现监测数据的不可篡改性和全程可追溯性。这种自我感知、自我维护的特性将极大降低系统运维成本，提升长期可靠性。

④ 柔性可穿戴形态　柔性电子技术将催生新一代可穿戴环境传感器。采用微线技术和磁场设计的柔性传感器可像头发丝一样纤细而富有弹性，无需电源即可无接触地测量温度、压力等参数。这些传感器可直接贴附于人体或衣物，构建个人暴露评估网络，实时监测个体所处微环境的空气质量，为健康防护提供个性化指导。

⑤ 多维度数据融合　未来环境监测将整合地基、空基、天基传感器网络。中国已建成“卫星遥感＋激光雷达＋地面站点”的三维监测体系，通过多平台协同捕捉污染物的立体传输过程。随着低轨卫星星座的部署，全球大气成分的实时监测将成为可能，为气候变化研究提供前所未有的高时空分辨率数据。

随着这些技术路径的协同推进，传感器将不仅是大气的“感知器官”，更将成为环境治理的“决策中枢”。从家庭到城市，从单一设备到数据基建，传感技术正在编织一张无形的环境健康防护网，让每一次呼吸都成为可测量的健康指标。而这一进程的最终目标，是构建人类与大气环境和谐共生的新生态——在这个生态中，污染被预见而非事后发现，发展被规划而非自发形成，人类活动与大气系统的互动达到精妙的动态平衡。这既是技术发展的愿景，更是人类文明可持续发展的必然选择。

本章小结

随着工业不断发展，大气污染问题日益严峻，挥发性有机物（VOCs）等污染物通过光化学反应形成 PM2.5 和光化学烟雾，对生态环境与公众健康构成严重威胁。气体传感器作为环境监测的核心工具，依据 GB/T7665—2005 标准被定义为能将气体浓度转换为电信号的装置，其功能实现技术路线主要包括半导体式、电化学式、红外式、催化燃烧式和光离子化式五类。半导体气体传感器设计基于金属氧化物（如 SnO_2、ZnO）表面吸附气体后电阻变化的原理，具有成本低、适用面广的特点，但存在选择性差和稳定性不足的局限，其结构发展出直热式与旁热式设计以优化热控制性能。电化学传感器通过气体在电极界面的氧化还原反应产生电流信号来工作，具备低功耗和高灵敏度的优势，尤其适用于一氧化碳、硫化氢等有毒气体检测，其三电极结构显著提升了测量精度和量程范围。声表面波（SAW）气体传感器则依靠压电基底上的叉指换能器激发声波，通过气敏薄膜吸附目标气体引起的频率偏移实现检测，其 GHz 级中心频率和高 Q 值特性赋予其优异的灵敏度和分辨率，广泛应用于 SO_2、NO_2 等痕量气体监测。

在空气质量监测领域，现代仪器集成多类传感器构成检测阵列：半导体传感器检测 VOCs，电化学传感器针对有毒气体，激光散射模块测量 PM2.5/PM10，结合温湿度补偿算法与通信单元，实现从工业安全到智能家居的全场景覆盖。当前技术正向智能化、微型化与网络化演进，例如柔性可穿戴传感器推动个人暴露评估，而卫星遥感与地面传感网络融合构建三维监测体系。未来发展趋势聚焦于提升检测极限（如 ppb 级 VOCs 识别）、增强极端环境适应性（−55～175℃宽温域工作）以及开发自校准功能，这些突破将使传感器从污染感知工具升级为环境决策中枢，为构建人类与大气环境的动态平衡提供技术基石。

习题

思考题

1. 根据国家标准 GB37822-2019，挥发性有机物（VOCs）的定义是什么？试分析 VOCs 如何通过光化学反应形成 PM2.5 和光化学烟雾，并说明其对人体和环境的危害。

2. 教材指出半导体气体传感器（如 SnO_2 基传感器）存在“选择性差”和“稳定性不足”的缺点。请结合其工作原理（表面吸附-电阻变化机制），解释这两个缺点的成因。

3. 柔性可穿戴传感器在个人空气质量监测中有何潜力？其技术挑战是什么？

选择题

1. 根据 GB37822-2019 标准，挥发性有机物（VOCs）的主要环境危害是什么？

A. 直接导致酸雨

B. 参与大气光化学反应形成 PM2.5 和光化学烟雾

C. 破坏臭氧层

D. 增加温室效应

2. 声表面波（SAW）气体传感器性能优化的关键参数包括有哪些？

A. 中心频率（GHz 级）

B. 品质因数（高 Q 值）

C. 敏感膜电导率

D. 频率温度系数（低温系数 TCF）

3. 催化燃烧式气体传感器的局限性是什么？

A. 寿命短且需高温环境

B. 测量需氧气参与且精度较低

C. 功耗高且选择性差

D. 成本高且抗湿性弱

填空题

1. 半导体气体传感器中，旁热式结构通过将__________与__________分离，解决了直热式传感器因环境气流导致的稳定性问题。

2. 半导体气体传感器检测还原性气体（如 H_2）时，N 型材料（如 SnO_2）的电阻值会__________；而检测氧化性气体（如 O_2）时，其电阻值会__________。

第8章 传感器与测量电路

知识导图

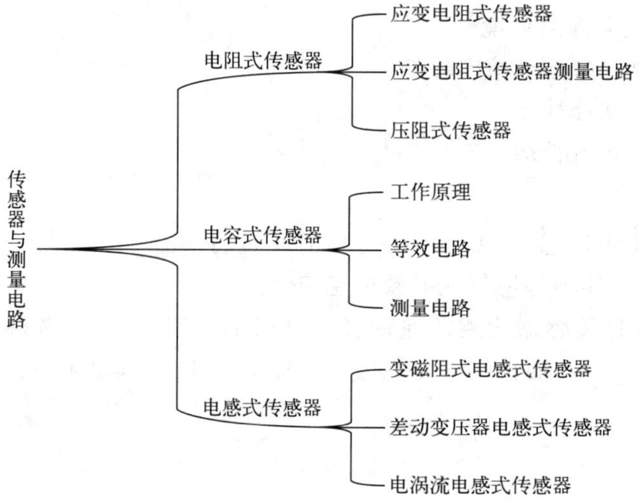

学习目标

1. 理解传感器的基本原理和应用；
2. 掌握常见传感器的测量电路设计；
3. 分析传感器检测电路的重要性和发展趋势。

8.1 概述

随着现代科技的迅猛发展，传感器在各个领域中的应用愈发广泛。无论是工业自动化、汽车电子、消费电子，还是环境监测、医疗健康等领域，传感器都扮演着至关重要的角色。传感器通过将物理、化学、生物等各种非电信号转化为电信号，为后续的数据处理、分析和控制提供基础。而传感器检测电路则是这一过程中不可或缺的组成部分，它负责对传感器输出的信号进行获取、放大、调理和转换，确保数据传输的准确性和稳定性。

早期的传感技术主要集中于简单的机械式和电气式转换，但随着半导体技术、微电子技术和集成电路的发展，现代传感技术日趋精密和多样化。传感器检测电路的设计也从传统的模拟信号处理逐步向数字信号处理过渡，集成化、智能化、微型化是其发展的显著趋势。现代传感器系统通常由传感元件、信号调理电路和信号输出单元构成。传感元件用于将待测的物理量转换为电信号；信号调理电路则包括滤波、放大、校正等功能模块，其目的是将传感器输出的原始信号处理成适合后续处理的标准信号；而信号输出单元则将信号传输至控制器或计算设备，进行进一步的分析和决策。

随着物联网（IoT）的快速发展，传感器检测电路的重要性更加凸显。高精度、低功耗、智能化的传感器系统已成为物联网系统的核心部件之一。未来，随着5G、边缘计算、人工智能等技术的进一步发展，传感器检测电路系统将继续向更高集成度和更高智能化迈进。

在了解了传感器检测电路的背景和发展之后，接下来我们将重点讨论三种常见的传感器及其检测电路设计。首先是电阻式传感器，它通过感知物理量（如温度、压力等）引起的电阻变化来传递信息。电阻变化的精确测量是其检测电路设计的关键所在。接着是电感式传感器，这种传感器依靠感应电流的变化来感知外界物理量的变化，广泛应用于位移和速度等领域，其检测电路通常需要包括振荡电路和检测电桥。最后是电容式传感器，这种传感器利用电容值的变化来反映外界环境的改变，常用于湿度、液位等场景，其电路设计需要处理微小的电容变化，并抑制外界干扰。通过对这三类传感器检测电路的详细分析，我们可以更好地理解它们的工作原理和各自在不同应用中的优势。

8.2 电阻式传感器测量电路

电阻式传感器是一种能把非电物理量（如位移、力、压力、加速度、扭矩等）转换成与之有确定对应关系的电阻量，再经过转换元件转换成便于传送和记录的电压（电流）信号的一种装置。电阻式传感器在检测中应用十分广泛。电阻式传感器种类较多，主要有变阻器式、电阻应变式和固态压阻式传感器三种类型。前两种传感器一般采用的敏感元件是弹性敏感元件，转换元件分别是电位器和电阻应变片，而压阻式传感器的敏感元件和传感元件均为半导体。本节主要介绍电阻应变式传感器测量电路和压阻式传感器测量电路。

8.2.1 工作原理

电阻应变效应：当导体或半导体材料受到外力作用时，其电阻值会发生变化。这是因为外力会导致导体产生形变，进而改变其内部结构，从而影响电阻值。

电阻应变片：利用电阻应变效应制成的敏感元件，通常由金属丝或金属箔构成，用于测量应变。常用的电阻应变片有金属电阻应变片和半导体电阻应变片。

电阻应变片的粘贴：将电阻应变片粘贴在受力物体上，使其与被测物体一起发生形变，通过测量电阻值的变化来推算受力的大小。

应变电阻式传感器的基本工作原理：被测物理量（如力、力矩或压力等）作用在弹性元件上使其发生形变，产生相应的应变，然后传递给与之相连的电阻应变片，引起电阻应变片的电阻值发生变化，通过测量电路变成电压等电量输出。输出的电压大小反映了被测物理量的大小。

8.2.2 应变片电桥测量电路

应变电阻式传感器是利用导体或半导体材料的应变（或压阻）效应制成的一种测量器件，用于测量微小的机械变化量。机械应变一般都很小，在 $10^{-6}\sim10^{-3}$ 范围内，而常规的电阻应变片的灵敏度系数值较小（$K\approx2$），故其电阻变化小，约 $10^{-4}\sim10^{-1}\ \Omega$ 数量级，由于应变量及其应变电阻变化一般都很微小，既难以直接精确测量，又不便直接处理。因此，必须采用转换电路，把应变片的电阻变化转换成电压或电流的变化。通常采用电桥电路实现这种转换。根据电源的不同，电桥分为直流电桥和交流电桥。

（1）单臂直流电桥

直流电桥如图 8-1 所示，图中 U 为电桥电源电压，有四个电阻 R_1、R_2、R_3 和 R_4 作为桥臂。在初始状态下，当满足平衡条件 $R_1R_3=R_2R_4$ 时，电桥达到平衡，输出电压为零。当只有一个桥臂为应变片时，称为单臂电桥。

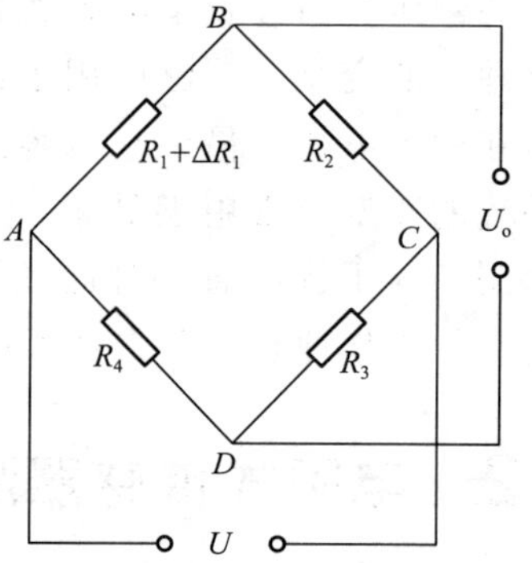

图 8-1 直流电桥

设 R_1 为工作电阻应变片，它随被测参数变化而变化，而 R_2、R_3 和 R_4 为固定电阻，U_o 为输出电压。当产生应变时，若电阻应变片电阻变化为 ΔR_1 时，即 $R_1=R+\Delta R$，电桥平衡被打破，产生电桥输出不平衡电压，输出电压 U_o 为

$$U_o=\frac{(R_1+\Delta R_1)R_3-R_2R_4}{(R_1+\Delta R_1+R_2)(R_3+R_4)}U=\frac{R_1R_3+\Delta R_1R_3-R_2R_4}{(R_1+\Delta R_1+R_2)(R_3+R_4)}U \qquad (8\text{-}1)$$

（2）直流电桥输出电压灵敏度

将电桥平衡条件式（8-1）变为：

$$U_o=\frac{\Delta R_1R_3}{(R_1+\Delta R_1+R_2)(R_3+R_4)}U=\frac{\dfrac{R_3}{R_4}\times\dfrac{\Delta R_1}{R_1}}{\left(1+\dfrac{R_2}{R_1}+\dfrac{\Delta R_1}{R_1}\right)\left(1+\dfrac{R_3}{R_4}\right)}U \qquad (8\text{-}2)$$

设桥臂比为 $R_2/R_1=n$，由于 $\Delta R_1 \ll R_1$，因此分母中的 $\Delta R_1/R_1$ 可忽略，结合电桥平衡条件 $R_1/R_2=R_3/R_4$，可将式（8-2）简化为：

$$U_o=\frac{n}{(1+n)^2}\times\frac{\Delta R_1}{R_1}U \tag{8-3}$$

由单位电阻相对变化量引起电桥输出电压的大小，定义单臂工作应变片电桥电压灵敏度为：

$$S_u=\frac{U_o}{\dfrac{\Delta R_1}{R_1}}=\frac{n}{(1+n)^2}U \tag{8-4}$$

电压灵敏度越大，说明电阻应变片电阻相对变化相同的情况下，电桥输出电压越大，电桥越灵敏。这就是电压灵敏度的物理意义。由式（8-4）可知：电桥的电压灵敏度正比于电桥的供电电压，要提高电桥的灵敏度，可以提高电源电压，但同时受到电阻应变片允许的功耗限制。电桥的电压灵敏度是桥臂电阻比值 n 的函数，恰当地选取 n 值有助于取得较高的灵敏度。在 U 确定的情况下，要使 S_u 的值最大，可通过计算导数 $\mathrm{d}S_u/\mathrm{d}n=0$ 求解。即：

$$\frac{\mathrm{d}S_u}{\mathrm{d}n}=U\frac{1-n}{(1+n)^3}=0 \tag{8-5}$$

可知 $n=1$ 时，即 $R_1=R_2$、$R_3=R_4$ 时，电桥的电压灵敏度 S_u 最高。此时，由式（8-3）和式（8-4）得：

$$U_o=\frac{U}{4}\times\frac{\Delta R_1}{R_1} \tag{8-6}$$

$$S_u=\frac{U}{4} \tag{8-7}$$

由此可知，当电源的电压 U 和应变片电阻相对变化一定时，电桥的输出电压及其灵敏度也不变，且与各桥臂电阻阻值大小无关。电桥电源电压越高，输出电压的灵敏度越高。但提高电源电压会使应变片和桥臂电阻的功耗增加，温度误差增大。一般电源电压取 3～6V 为宜。

（3）非线性误差及其补偿

上面在讨论电桥的输出特性时，应用了 $R_1 \gg \Delta R_1$ 的近似条件，才得出 U_o 对 ΔR_1 的线性关系。当 ΔR_1 过大而不能忽略时，桥路输出电压将存在较大的非线性误差。下面以全等臂四分之一电桥（$R_1=R_2=R_3=R_4=R$）电压输出为例，计算桥路输出非线性误差的大小。全等臂四分之一电桥实际输出电压 U_o' 为：

$$U_o'=\frac{U}{2}\times\frac{\dfrac{\Delta R}{R}}{2+\dfrac{\Delta R}{R}} \tag{8-8}$$

由于近似处理造成的非线性误差为：

$$e_{\varphi}=\frac{U_{o}-U'_{o}}{U_{o}}=\frac{\frac{\Delta R}{R}}{1+n+\frac{\Delta R}{R}} \tag{8-9}$$

如果 $n=1$，则：

$$e_{\varphi}=\frac{\frac{\Delta R}{2R}}{1+\frac{\Delta R}{2R}} \tag{8-10}$$

将 $\dfrac{1}{1+\frac{\Delta R}{2R}}$ 按幂级数展开：

$$e_{\varphi}\approx\frac{\Delta R}{2R}\left[1-\frac{\Delta R}{2R}+\frac{1}{4}\left(\frac{\Delta R}{R}\right)^{2}-\frac{1}{8}\left(\frac{\Delta R}{R}\right)^{3}+\cdots\right] \tag{8-11}$$

略去高次项，可以得到：

$$e_{\varphi}\approx\frac{\Delta R}{2R}\approx\frac{1}{2}K\varepsilon \tag{8-12}$$

对于一般的电阻应变片来说，所受应变 ε 通常在 5×10^{-3} 以下，根据 $\Delta R/R=K\varepsilon$，对于不同的 K，就可以求得不同的非线性误差。如 $K=2$，$\varepsilon=5\times10^{-3}$，则 $\Delta R/R=K\varepsilon=10^{-2}$，代入式（8-9）可求得非线性误差约为 0.5%。

对某些电阻相对变化较大的情况，当非线性误差不能满足要求时，必须予以消除。例如对于半导体电阻应变片，如 $K=125$，设所受应变为 1×10^{-3}，根据 $\Delta R/R=K\varepsilon$，则 $\Delta R/R=K\varepsilon=0.125$，代入式（8-9）可求得非线性误差达 5.9%。

（4）差动电桥

采用差动电桥是消除非线性误差影响的有效措施。将两个工作应变片接入电桥的相邻臂，并使它们一个受拉，一个受压，如图 8-2（a）所示，称为半桥差动电桥。半桥差动电桥电路的输出电压为：

$$U_{o}=\left(\frac{R_{1}+\Delta R_{1}}{R_{1}+\Delta R_{1}+R_{2}-\Delta R_{2}}-\frac{R_{4}}{R_{3}+R_{4}}\right)U \tag{8-13}$$

设初始时 $R_1=R_2=R_3=R_4$，$\Delta R_1=\Delta R_2$，则：

$$U_{o}=\frac{U}{2}\times\frac{\Delta R_{1}}{R_{1}} \tag{8-14}$$

比较式（8-8）和式（8-13）可见，半桥差动电路不仅没有非线性误差，而且电桥灵敏度也比单一应变片提高了 1 倍，还具有温度补偿作用。同样的全桥差动电桥的输出电压灵敏度是单一应变片工作时的 4 倍。如图 8-2（b）为全桥电路，如果 $R_1=R_2=R_3=R_4$，$\Delta R_1=\Delta R_2=\Delta R_3=\Delta R_4$，则等臂全桥的输出电压为：

$$U_{o}=U\frac{\Delta R_{1}}{R_{1}} \tag{8-15}$$

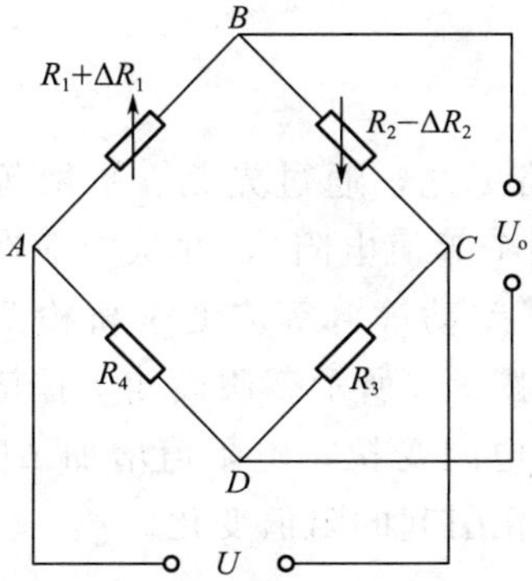

(a)半桥差动电桥

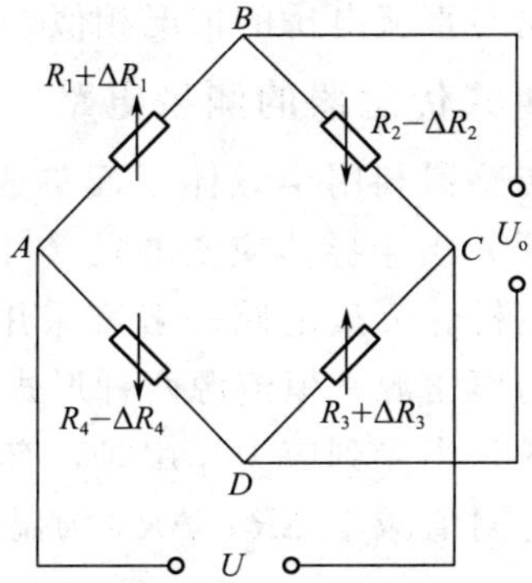

(b)全桥差动电桥

图 8-2 差动电桥

利用电桥的特性不仅可以提高灵敏度，还可以抑制干扰信号，因为当电桥的各臂或相邻两臂同时有某一个增量时，对电桥的输出没有影响。

(5) 交流电桥测量电路

交流电桥的供桥电源为正弦交流电，而且 4 个桥臂不是纯电阻。即 Z_1、Z_2、Z_3、Z_4 为复阻抗。U 为交流电压源，开路输出电压为 U_o，设：

$$Z_i = R_i + \mathrm{j}X_i = z_i \mathrm{e}^{\mathrm{j}\varphi}(i=1,\ 2,\ 3,\ 4) \tag{8-16}$$

式中，R_i，X_i 为各桥臂电阻和电抗；Z_i，φ_i 为各桥臂复阻抗的模和幅角，输出电压为：

$$\dot{U}_o = \dot{U}\frac{Z_1}{Z_1+Z_2} - \frac{Z_4}{Z_3+Z_4} = \dot{U}\frac{Z_1Z_3 - Z_2Z_4}{(Z_1+Z_2)(Z_3+Z_4)} \tag{8-17}$$

根据交流电路分析（和直流电路类似）可得平衡条件为：

$$Z_1Z_3 = Z_2Z_4 \tag{8-18}$$

$$\varphi_1 + \varphi_3 = \varphi_2 + \varphi_4 \tag{8-19}$$

得到交流电桥的平衡条件为相对桥臂阻抗模之积相等，相对桥臂阻抗角之和相等。当工作应变片 R_1 改变 ΔR_1，引起 Z_1 变化 ΔZ_1，可得出：

$$\dot{U}_o = \frac{\dfrac{Z_3}{Z_4}\times\dfrac{\Delta R_1}{R_1}}{\left(1+\dfrac{Z_2}{Z_1}+\dfrac{\Delta Z_1}{Z_1}\right)\left(1+\dfrac{Z_3}{Z_4}\right)}\dot{U} \tag{8-20}$$

并设初始时 $Z_1 = Z_2$，$Z_3 = Z_4$，因 $\Delta Z_1/Z_1 < 1$，故可略去分母中的 $\Delta Z_1/Z_1$，则：

$$\dot{U}_o = \frac{\dot{U}}{4} \tag{8-21}$$

上述结论与直流电桥的情况相似。

8.2.3 压阻式传感器的测量电路

压阻式传感器利用半导体平面集成电路工艺，通过光刻、扩散等技术，在硅膜片上制作了 n 组半导体应变电阻（每组四个等值电阻），并从中筛选出一组构成惠斯通平衡电桥。测量电路一般都采用四臂差动等臂等应变全桥检测电路，供电方式可以分为恒压源和恒流源两种形式，如图 8-3 所示。假设四个扩散电阻的初始电阻值都为 R，当受到应力作用时，有两个电阻受拉，电阻值增加 ΔR，而另两个电阻受压，电阻值减小 ΔR；ΔR_T 为温度变化引起的阻值变化。

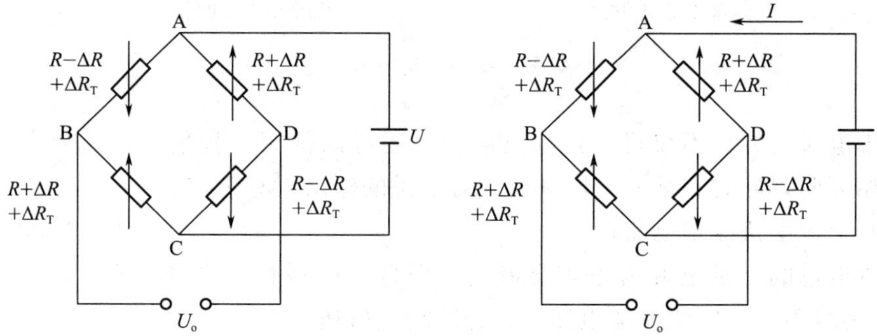

(a)恒压源供电电桥　　(b)恒流源供电电桥

图 8-3 压阻传感器的测量电路

当用恒流源供电时，假设电桥两个支路的电阻相等，即 $R_{ABC}=R_{ADC}=2(R+\Delta R_T)$，所以流过两支路的电流相等，$I_{ABC}=I_{ADC}=I/2$。电桥的输出电压为：

$$U_o=U_{BD}=\frac{I}{2}(R+\Delta R+\Delta R_T)-\frac{I}{2}(R-\Delta R+\Delta R_T)=I\Delta R \qquad (8\text{-}22)$$

由式（8-22）可见，电桥的输出与电阻的变化量成正比，即与被测量成正比；输出也与供电电源的电流成正比，即输出与恒流源供给的电流大小、精度有关。但是，电桥的输出与温度的变化无关，这是恒流源供电的优点。用恒流源供电时，一个传感器最好独立配备电源。

8.3 电容式传感器

电容式传感器通过将被测量的非电量变化转换为电容量的变化来实现测量。它具有结构简单、体积小、分辨率高等优点，能够进行非接触式测量，并且能够在高温、高辐射和强烈振动等恶劣环境下稳定工作。这种传感器广泛应用于压力、差压、液位、振动、位移、加速度和成分含量等多种测量领域。随着集成电路技术的发展，各种用途的集成化电容传感器将在未来的市场中有很大潜力。

8.3.1 工作原理

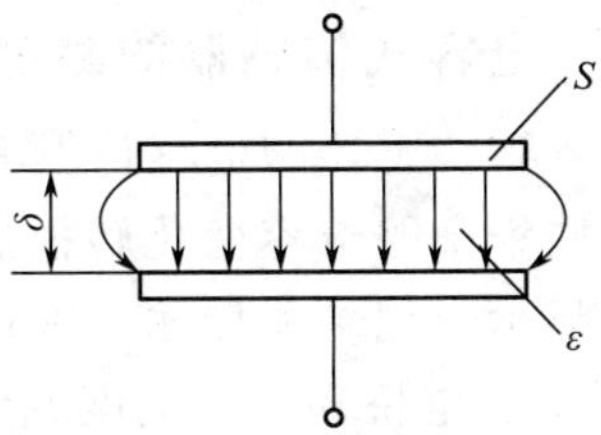

图 8-4 平板电容器

用如图 8-4 所示的平行板电容器来解释电容式传感器的基本原理，在忽略边缘效应的情况下，计算电容量的公式为

$$C=\frac{\varepsilon S}{\delta}=\frac{\varepsilon_r\varepsilon_0 S}{\delta} \tag{8-23}$$

式中，S 表示极板间相互覆盖的面积，m^2；δ 表示极板间的距离，m；ε_r 表示相对介电常数；ε_0 表示真空介电常数，其值为 8.85×10^{-12}F/m；ε 表示电容极板间介质的介电常数，F/m。

根据电容量的计算公式可以看出，电容量与 δ 、S 和 ε 有关。也就是说，当被测参数变化引起 δ 、S 或者 ε 变化时，将使得平板电容式传感器的电容量 C 也随之变化。在实际应用中，通常使其中两个参数不变，改变另外一个参数。

8.3.2 等效电路

在实际应用中，电容式传感器并不是一个纯电容，在考虑电容传感器在高温、高湿及高频激励下工作时，不能忽略其附加损耗和电效应影响，其等效电路如图 8-5 所示。

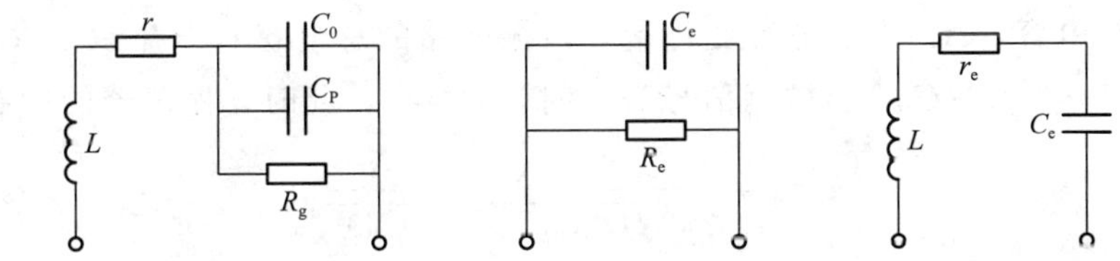

图 8-5 电容式传感器原理图

在图 8-5（a）中，L 表示电容器及引线电感；r 为高温、高湿、高频激励工作时的串联损耗电阻，包括导线、极板间和金属支座等损耗电阻；C_0 为传感器本身的电容；C_P 为寄生电容；R_g 为极间等效漏电阻，包括极板间的漏电损耗和介质损耗、极板与外界间的漏电损耗和介质损耗。

在低频情况下，传感器的容抗很大，可以忽略 L 和 r 的影响，其等效电路如图 8-5（b）所示，其中 C_e 和 R_e 分别为等效电容和等效电感，$C_e=C_0+C_P$，$R_e\approx R_g$。

在高频情况下，传感器电容的阻抗变小，此时，L 和 r 的影响将不可忽略，漏电的影响可以忽略，其等效电路如图 8-5（c）所示，其中，$C_e=C_0+C_P$，$r_e\approx r$ 。在实际应用中的高频激励下，需特别考虑 L 的影响，这会使传感器的有效电容发生变化，从而引起传感器有效灵敏度的改变。

8.3.3 电容式传感器的测量电路

电容式传感器的电容值及其变化通常非常微小，因此需要使用信号调节电路来将这些细微的电容变化转换成与之成正比的电压、电流或频率信号，从而实现数据的显示、记录和传输。常用的测量电路包括调频电路、运算放大器、二极管双 T 形交流电桥和脉冲宽度调制电路。其中，调频电路和运算放大器主要用于测量单一电容的变化，而二极管双 T 形交流电桥和脉冲宽度调制电路则用于测量差动电容的变化。

(1) 调频电路

振荡器的振荡频率受电容式传感器输出电容的调制，即调频电路，调频电路的原理框图如图 8-6 所示。将电容式传感器作为振荡器谐振回路的一部分，当电容随被测量发生变化时，谐振回路的振荡频率也会发生变化。

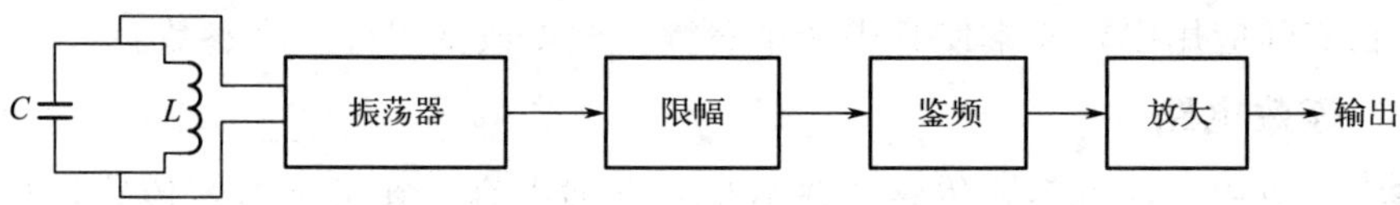

图 8-6　调频电路的原理框图

图 8-7 所示为调频电路的原理图，C_1 表示振荡回路的固有电容，C_i 表示传感器引线分布电容，ΔC 表示电容变化量，谐振回路的总电容 $C=C_1+C_i+C_0+\Delta C$，外接电容 $C_2=C_3\gg C$，当被测信号为 0 时，$\Delta C=0$，此时，振荡器的固有频率为：

$$f_0=\frac{1}{2\pi\sqrt{L(C_1+C_i+C_0)}} \tag{8-24}$$

当被测信号部位为 0 时，$\Delta C\neq 0$，此时振荡器的频率发生了变化，即为：

$$f_0=\frac{1}{2\pi\sqrt{L(C_1+C_1+C_0+\Delta C)}}=f_0+\Delta f \tag{8-25}$$

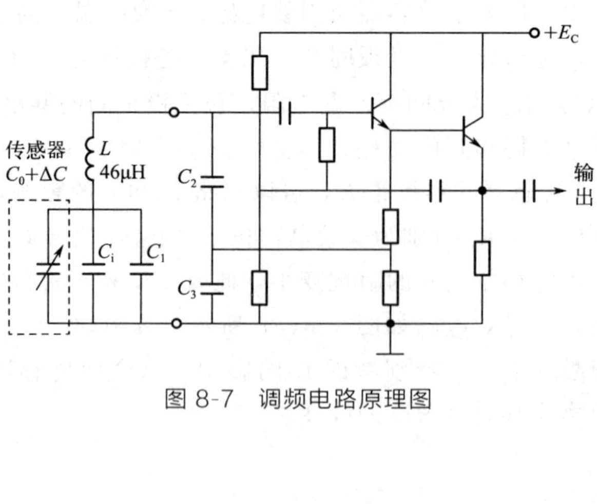

图 8-7　调频电路原理图

可以看出，当输入量使传感器电容量发生改变时，振荡器的振荡频率也发生变化，虽然可将频率作为测量系统的输出量，用来判断被测非电量的大小，但是此时的系统是非线性的，不易校正，必须加入鉴频器，将频率的变化转化为电压振幅的变化，经过放大就可以用仪器指示器记录下来。

调频电容式传感器测量电路具有较强的抗干扰能力和高灵敏度，能够精确测量高达 0.01μm 级的位移变化。其输出信号为频率形式，便于使用数字仪器进行测量，并且可以与计算机进行通信，实现数据的发送和接收，从而达到遥测和遥控的目的。

（2）运算放大电路

运算放大器具有放大倍数大、输入阻抗高的特点，可以用作电容式传感器的测量电路，其原理图如图 8-8 所示，它由传感器电容 C_x 和固定电容 C 和运算放大器 A 组成。

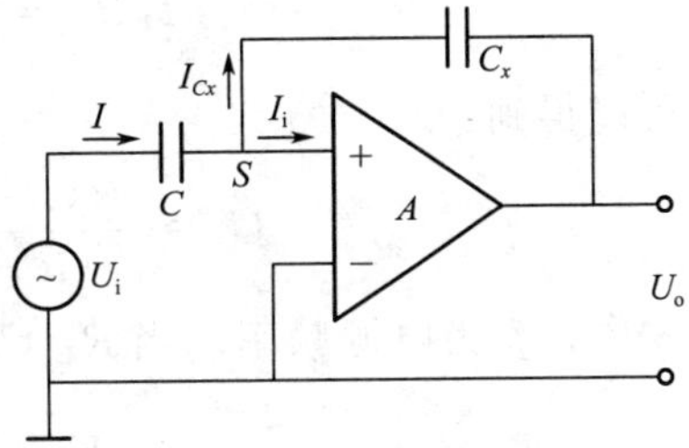

图 8-8　运算放大器测量电路原理图

图中，U_o 为输出电压信号，U_i 为信号源电压，本质上是一种反相输入比例放大电路，这种电路可以克服变极距型电容传感器的非线性。根据运算放大器的工作原理可知，在深度负反馈的条件下。运算放大器的输入电流 $I_i=0$，则：

$$\dot{U}_o=-\frac{Z_f}{Z_1}\dot{U}_i=-\frac{-j\dfrac{1}{\omega C_x}}{-j\dfrac{1}{\omega C_0}}\dot{U}_i=-\frac{C}{C_x}\dot{U}_i \tag{8-26}$$

将 $C_x=\varepsilon S/\delta$ 代入上式，则：

$$\dot{U}_o=-\frac{\dot{U}_i C}{\varepsilon S}\delta \tag{8-27}$$

式中，负号表示输出电压与电源电压反相。输出电压与电容极板间距成线性关系，但这只是在假定放大器开环放大倍数 $A\to\infty$、输入阻抗 $Z_i\to\infty$ 的前提下推导出来的。在实际应用中，运算放大器不可能完全满足理想运放的条件。它仍然具有一定非线性误差，在增益和输入阻抗足够大时，这种误差是相当小的，也可以忽略。

（3）双 T 二极管交流电桥

双 T 二极管交流电桥（又称二极管双 T 形网络）是利用电容器充放电原理组成的电路，如图 8-9 所示。

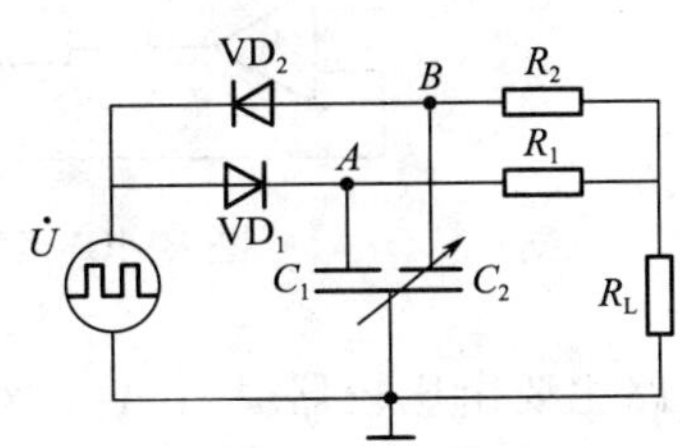

图 8-9　双 T 二极管交流电桥

图中，$\dot{U}$ 是高频电源，提供幅值为 U 的对称方波（正弦波也适用）；VD_1、VD_2 为特性完全相同的两个二极管；$R_1=R_2=R$；C_1、C_2 为传感器的两个差动电容。

当传感器没有位移输入时，$C_1=C_2$，R_L 在一个周期内流过的平均电流为零，无电压输出。

当 C_1 和 C_2 变化时，R_L 上产生的平均电流将不再为零，因而有信号输出。其输出电压的平均值为：

$$\overline{U}_o=I_L R_L=\frac{1}{T}\left\{\int_0^T[I_1(t)-I_2(t)]\mathrm{d}t\right\} \tag{8-28}$$

可以得到：

$$\overline{U}_o\approx\frac{R(R+2R_L)}{(R+R_L)^2}R_L Uf(C_1-C_2) \tag{8-29}$$

式中，f 为电源频率。当 R_L 已知时，令：

$$K=\frac{R(R+2R_L)}{(R+R_L)^2}R_L \tag{8-30}$$

则：

$$\overline{U}_o=KUf(C_1-C_2) \tag{8-31}$$

根据式（8-9）可知，输出电压不仅受电源电压幅值的影响，还与电源频率有关。因此，为了确保输出电压与电容量变化成正比，除了需要稳定电源电压外，还必须保持电源频率的稳定。这种电路的主要优点是线路设计简单，无需额外的相敏整流电路，即可直接获得直流输出电压。

（4）脉冲宽度调制电路

差动脉冲调宽电路也称为差动脉宽（脉冲宽度）调制电路，在该电路中，对传感器电容进行充放电使电路输出脉冲的宽度随传感器电容量变化而变化，然后通过低通滤波就可以得到对应被测量变化的直流信号，如图 8-10 所示。

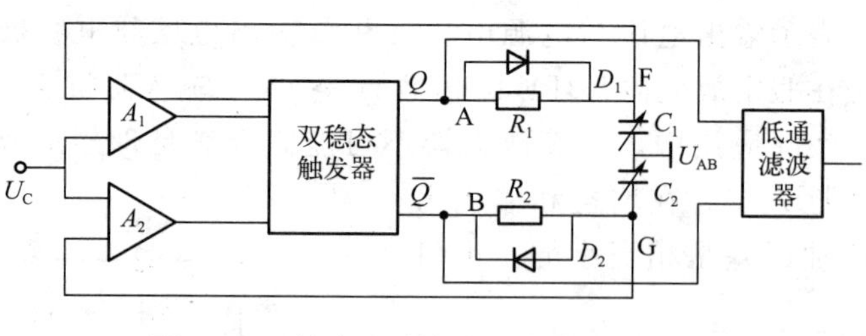

图 8-10　差动脉冲宽度调制电路原理图

电路主要由比较器 A_1、A_2，双稳态触发器和电容充放电回路构成。U_C 为参考电压，R_1、R_2 为充电电阻，一般取 $R_1=R_2$，C_1、C_2 为差动式电容器，电路的输出就是双稳态触发器的两个输出端。

当双稳态触发器处于某一状态时，$Q=1$，$\overline{Q}=0$，A 点高电位通过 R_1 对 C_1 充电，时间常数为 $t_1=R_1C_1$，直至 F 点电位高于参考电位 U_C，比较器 A_1 输出正跳变信号；同时，因 $Q=0$，电容器 C_2 上已充电流通过 D_2 迅速放电到零电平。比较器 A_1 输出正跳变信号激励触发器翻转，使 $\overline{Q}=0$，$Q=1$，于是 A 点为低电位，C_1 通过 D_1 迅速放电，而 B 点高电位通过 R_2 对 C_2 充电，时间常数为 $t_2=R_2C_2$，直到 G 点电位高于参考电位 U_C，比较器 A_2 输出正跳变信号，使触发器发生翻转。上述过程中，电路各点波形如图 8-11 (a) 所示。当差动电容 $C_1=C_2$ 时，波形如图 8-11 (a) 所示，此时 A、B 两点间的平均电压值为零；当差动电容 $C_1\neq C_2$ 时，由于充放电时间常数变化，电路中各点电压波形产生相应改变，波形如图 8-11 (b) 所示，此时 A、B 两点电位波形宽度不等，一个周期 T_1+T_2 时间内的平均电压值不为零。

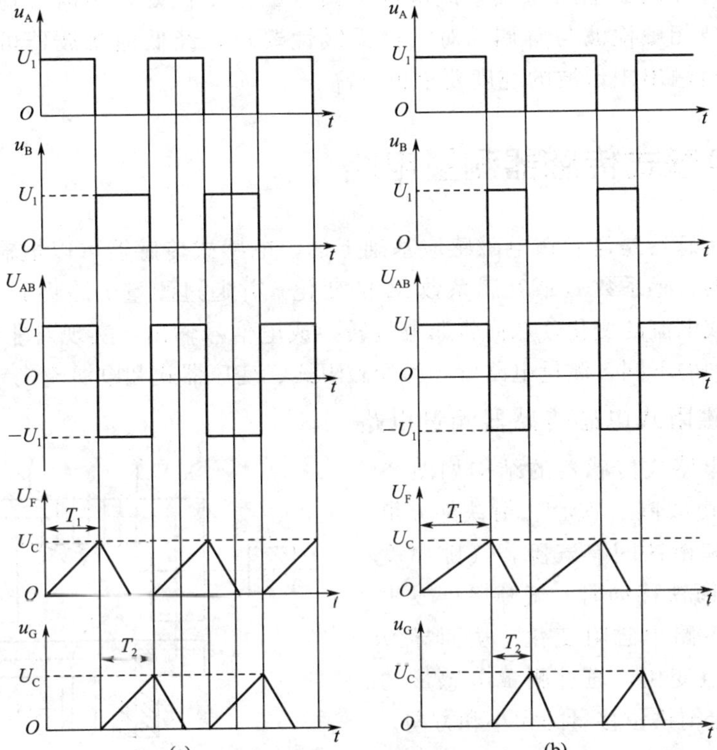

图 8-11　差动脉冲宽度调制电路各点电压波形

电压 U_{AB} 经低通滤波器滤波后，可得输出 U_o 为：

$$U_o=U_A-U_B=\frac{T_1-T_2}{T_1+T_2}U_1 \tag{8-32}$$

式中，U_A、U_B 分别为 A 点和 B 点矩形脉冲的直流分量；T_1，T_2 为 A 点和 B 点充电到 U_C 时所需的时间；U_1 为触发器输出高电平。

$$T_1=R_1C_1\ln\frac{U_1}{U_1-U_C}T_2=R_2C_2\ln\frac{U_2}{U_2-U_C} \tag{8-33}$$

设 $R_1=R_2=R$，将上述两式代入式（8-31）得：

$$U_o=\frac{C_1-C_2}{C_1+C_2}U_1 \tag{8-34}$$

因此，输出的直流电压与传感器的两电容差值成正比。

设电容 C_1 和 C_2 的极间距离和面积分别为 δ_1，δ_2 和S_1，S_2，将式（8-23）代入式（8-33），对差动式变极距型和变面积型电容式传感器可分别得：

$$U'_o=\frac{\delta_2-\delta_1}{\delta_2+\delta_1}U，U'_o=\frac{S_1-S_2}{S_2+S_1}U \tag{8-35}$$

差动脉宽调制电路适用于任何差动式电容传感器，具有理论上的线性特性。另外，差动脉冲调宽电路采用直流电源，其电压稳定性好，不需要稳频和波形纯度，也不需要相敏检波与解调，对元件无线性要求，经低通滤波器可输出较大的直流电压，对输出矩形波的纯度要求也不高。

8.4 电感式传感器测量电路

电感式传感器是建立在电磁感应基础上的，电感式传感器可以把输入的物理量转换为线圈的自感系数 L 或互感系数 M 的变化，并通过测量电路将 L 或 M 的变化转换为电压或电流的变化，从而将非电量转换成电信号输出，实现对非电量的测量。根据工作原理的不同，测量电路可分为变磁阻式、变压器式和电涡流式等。

8.4.1 变磁阻式电感传感器测量电路

变磁阻电感式传感器的结构如图 8-12 所示。它由线圈、铁心、衔铁部分组成。在铁心和衔铁间有气隙，气隙厚度为 δmm。当衔铁移动时，气隙厚度发生变化，引起磁路中磁阻变化，从而导致线圈的电感值变化，通过测量电感量的变化就能确定衔铁位移量的大小和方向。

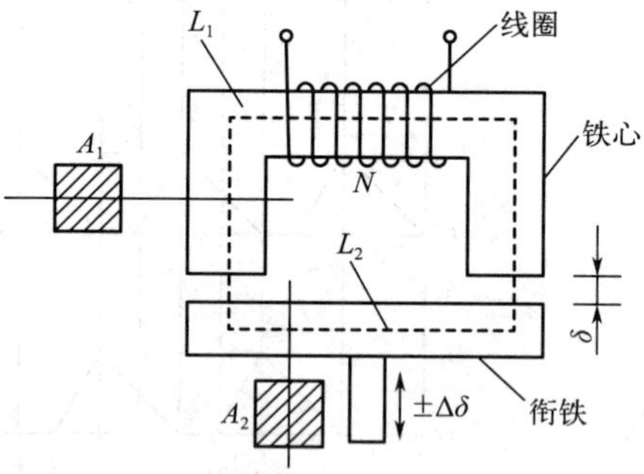

图 8-12　变磁阻式电感传感器的结构

电感式传感器的测量电路有交流电桥、变压器式交流电桥和谐振式测量电路。

（1）交流电桥

交流电桥测量电路把传感器的两个线圈作为电桥的两个桥臂 Z_1 和 Z_2，另外两个相邻的桥臂选用纯电阻。当衔铁上移时，设有

$$Z_1=Z_0+\Delta Z_1 \tag{8-36}$$

$$Z_2 = Z_0 - \Delta Z_2 \tag{8-37}$$

$$Z_0 = R + j\omega L_0 \tag{8-38}$$

式中，Z_0 为衔铁位于中心位置时单个线圈的复阻抗（线圈的等效电阻 R 主要来源于线绕电阻、涡流损耗电阻和磁滞损耗电阻）；ΔZ_1，ΔZ_2 为衔铁偏离中心位置时两个线圈的复阻抗变化量。

电感式传感器的线圈属于谐振式结构，谐振式结构的机械品质因数（可用 $Q = \omega L/R$ 表征）正比于谐振结构的总能量与每次循环耗散的能量之比，它反映出谐振中因克服阻尼而耗散的能量的多少。在设计谐振式传感器时总是需降低谐振结构的阻尼，提高其品质因数，因为高 Q 值（即 $\omega L \gg$R）有许多优点：可以降低维持谐振子振动的能量；可以降低因能量损耗带来的测量误差；可以设计制作出高精度、高灵敏度和高稳定性的谐振式传感器。

对于高 Q 值的差动电感式传感器，有：

$$\Delta Z_1 = j\omega \Delta L_1 \tag{8-39}$$

$$\Delta Z_2 = j\omega \Delta L_2 \tag{8-40}$$

$$Z_0 \approx j\omega L_0 \tag{8-41}$$

所以此时电桥的输出电压为：

$$\dot{U}_o = \dot{U}_i \left[\frac{Z_2}{Z_1 + Z_2} - \frac{\dfrac{R_2}{R_1 + R_2}}{R + R} \right] = \dot{U}_i \frac{Z_2 - Z_1}{2(Z_1 + Z_2)} = -\dot{U}_i \frac{\Delta Z_1 + \Delta Z_2}{2(Z_1 + Z_2)} \tag{8-42}$$

对于半桥差动式结构，$\Delta L_1 = \Delta L_2$，$\Delta Z_1 = \Delta Z_2$，联立以上式子可得：

$$\dot{U}_o = -\frac{\dot{U}_1}{2} \times \frac{\Delta\delta}{\delta_0} \tag{8-43}$$

由此可见，电桥输出电压的变化量与气隙厚度的变化量 $\Delta\delta$ 成正比。反之，当衔铁下移时，$Z_1 Z_2$ 的变化方向相反，可推得 $\dot{U}_o = \dfrac{\dot{U}_i}{2} \times \dfrac{\Delta\delta}{\delta_0}$ 。

变压器式交流电桥测量电路本质上与交流电桥的分析方法完全一致，如图 8-13 所示。电桥两臂 $Z_1 Z_2$ 为传感器线圈阻抗，另外两臂为交流变压器次级线圈阻抗的一半。当负载阻抗无穷大时，桥路输出电压为：

$$\dot{U}_o = \dot{U}_A - \dot{U}_B = \frac{Z_2 \dot{U}_i}{Z_1 + Z_2} - \frac{\dot{U}_i}{2} = \frac{Z_2 - Z_1}{Z_1 + Z_2} \times \frac{\dot{U}_i}{2} \tag{8-44}$$

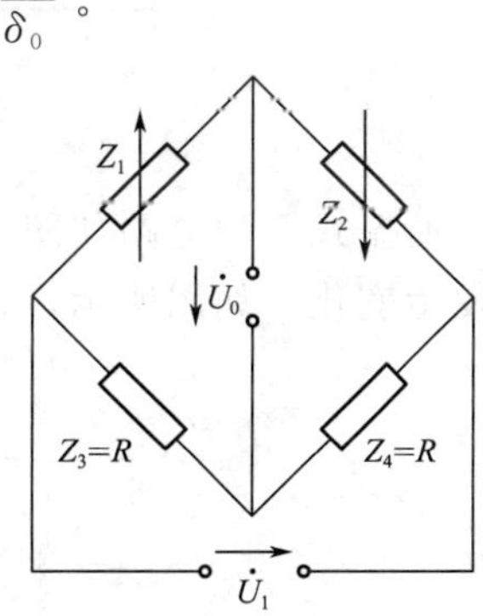

图 8-13　变压器式交流电桥

当传感器衔铁处于中间位置时，即 $Z_1 = Z_2 = Z_0$，此时，输出电压为 0，电桥处于平衡状态。

当传感器衔铁上移时，设 $Z_1 = Z_0 + \Delta Z_1$，$Z_2 = Z_0 - \Delta Z_2$（注意：对于差动式结构，$\Delta Z_1 \approx \Delta Z_2$，$\Delta L_1 \approx \Delta L_2$，$\Delta L = \Delta L_1 + \Delta L_2$）。在高

Q 值的情况下有：

$$\dot{U}_{\circ}=-\frac{\dot{U}_1}{2}\times\frac{\Delta Z_1}{Z_0}=-\frac{\dot{U}_1\Delta L_1}{2}L_0=-\frac{\dot{U}_1}{4}\times\frac{\Delta L}{L_0} \tag{8-45}$$

当传感器衔铁下移时，则 $Z_1=Z_0-\Delta Z_1$，$Z_2=Z_0+\Delta Z_2$，此时：

$$\dot{U}_{\circ}=\frac{\dot{U}_i}{2}\times\frac{\Delta Z_i}{Z_0}=\frac{\dot{U}_i\Delta L_i}{2L_0}=\frac{\dot{U}_i}{4}\times\frac{\Delta L}{L_0} \tag{8-46}$$

将上式代入，可得到与交流电桥完全一致的结果。

由此可见，衔铁上下移动时，输出电压相位相反，其大小随衔铁的位移而变化。因输出是交流电压，根据输出无法判断位移方向，解决办法是采用适当的处理电路（如相敏检波电路）。

（2）谐振式测量电路

谐振式测量电路有谐振式调幅电路和谐振式调频电路两种。

谐振式调幅电路如图 8-14 所示，L 代表电感式传感器的电感，它与电容 C 和变压器的一侧串联在一起，接入交流电源，变压器二次侧将有电压输出，输出电压的频率与电源频率相同，但其幅值却随着传感器的电感 L 的变化而变化，如图所示，图中 L_0 为谐振点的电感值。此电路的灵敏度很高（变化曲线陡峭），但线性差，适用于线性要求不高的场合。

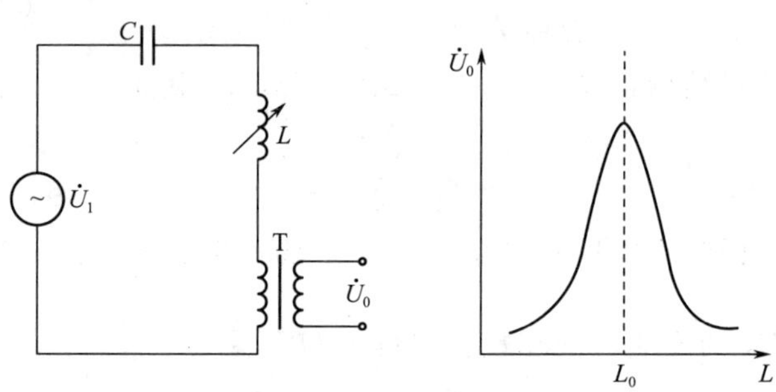

图 8-14　谐振式调幅电路

谐振式调频电路如图 8-15 所示，传感器的电感 L 的变化将引起输出电压的频率发生变化，如图所示，f 与 L 成非常明显的非线性关系。这是因为传感器电感 L

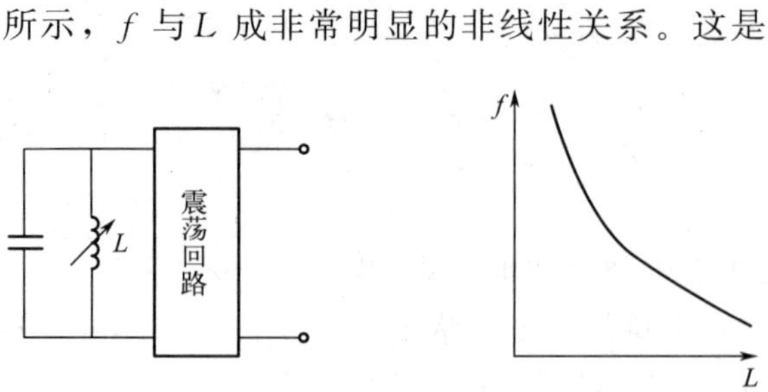

图 8-15　谐振式调频电路

与电容 C 接在一个振荡回路中，其振荡频率取决于：

$$f=\frac{1}{2\pi\sqrt{LC}} \tag{8-47}$$

当 L 变化时，频率随之变化，根据频率 f 的大小即可确定被测量的值。

8.4.2 差动变压器电感式传感器

（1）结构

螺线管式差动变压器的结构如图 8-16 所示。它由位于中间的一次绕组、两个位于边缘的二次绕组和插入绕组中央的圆柱形衔铁组成。当外部交流电源为一次绕组提供激励电压时，衔铁位于中心位置，两侧的二次绕组感应出相等且方向相反的电动势，导致输出电压为零。当衔铁受力移动时，靠近某一二次绕组的感应电动势增加，而远离的绕组感应电动势减小，形成差动输出信号。输出电压与衔铁的位移成正比，且电压相位可以指示位移的方向。因此，通过测量输出电压的大小和相位，可以精确检测衔铁的位移。

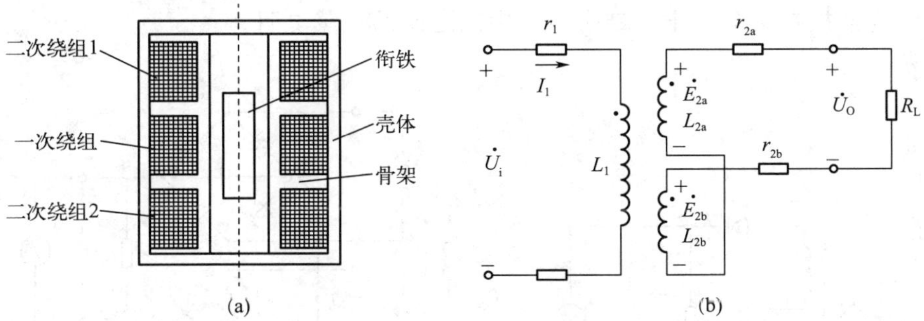

图 8-16 螺线管式差动变压器的结构

（2）测量电路

差动变压器输出的是交流电压，而且存在零点残余电压，当用交流电压表进行测量时，只能反映衔铁位移的大小，不能反映位移的方向，也不能消除零点残余电压。为了达到辨别位移方向和消除零点残余电压的目的，常用差动整流电路和相敏检波电路。

1）差动整流电路

为了消除零点残余电压，常用的几种差动整流电路如图 8-17 所示。它把两个二次输出电压分别整流，然后将经过整流的电压或电流的差值作为输出。分图（a）（c）适合交流负载阻抗；分图（b）（d）适合低负载阻抗。电阻 R_0 作为电位器消除零点残余电压。

下面以图 8-17 为例分析差动整流的工作原理。由图可知：无论两个二次绕组的输出瞬时电压极性如何，流经电容 C_1 的电流方向总是从 2 端到 4 端，流经电容 C_2 的电流方向总是从 6 端到 8 端，所以整流电路的输出电压为：

$$U_o = U_{24} - U_{68} \tag{8-48}$$

当衔铁位于中间位置时，$U_{24} = U_{68}$，故输出电压 $U_o = 0$；当衔铁位于零位以上时，$U_o > 0$；反之，当衔铁位于零位以下时，则有 $U_o < 0$。只能根据符号判断衔铁的位置在何处，但不能判断运动的方向。

2）相敏检波电路（判断位移的大小和方向）

相敏检波用来鉴别调制信号的极性，利用交变信号在过零位时正负极性发生突变，使调制波相位与载波信号比较也能相应地产生 180°相位跳变，从而既能反映原信号的幅值也能反映相位。检波电路如图 8-17 所示。四个性能相同的二极管以同一方向串联成一个闭合的环形电桥，四个接点分别接到两台变压器的两个二次绕组上。输入信号 u'_y（是差动变压器电感式传感器输出的调幅波电压）和检波器的参考信号 u_0（即同步信号），分别经变压器 A、B 加到环形电桥的两个对角上。电阻 R 起限流作用。u_0 的幅值远大于变压器 A 的输出信号 $u = u_1 + u_2$ 的幅值，以便控制四个二极管的导通状态，且 u_0 和差动变压器电感式传感器的激励电压 u_y 共用同一电源，中间通过适当的移相电路来保证同频同向。即 u_0 是作为辨别极性的标准，R_f 为连接在两个变压器二次绕组中点之间的负载电阻。

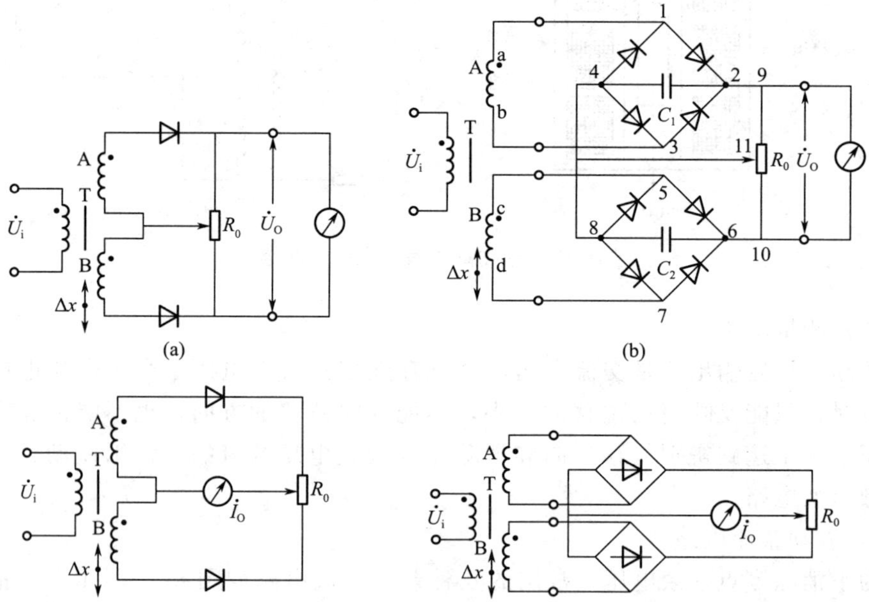

图 8-17　相敏检波电路

3）调频式测量电路

调频式测量电路如图 8-18 所示，传感器线圈作为组成 LC 振荡器的电感元件，并联谐振回路的谐振频率为：

$$f = \frac{1}{2\pi\sqrt{LC_0}} \tag{8-49}$$

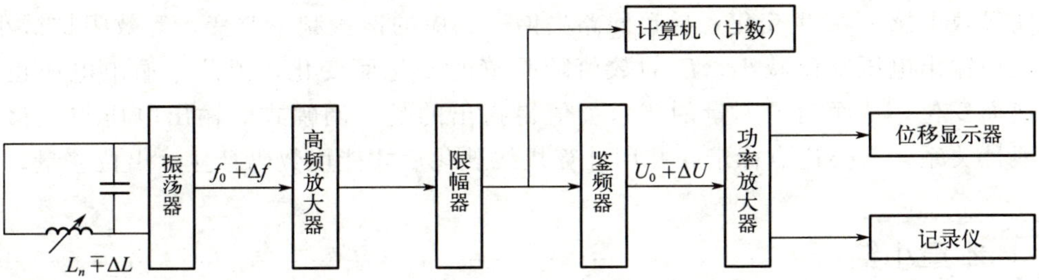

图 8-18 调频式测量电路

当电涡流线圈与被测物体的距离变化时，电涡流线圈的电感量在涡流影响下随之变化，引起振荡器的输出频率变化，该频率信号（TTL 电平）可直接由计算机计数，或通过频率-电压转换器（又称为鉴频器）将频率信号转换为电压信号，用数字电压表显示出对应的电压。

4）调幅式测量电路

调幅式测量电路如图 8-19 所示，它是由传感器线圈、电容器和石英晶体组成的石英晶体振荡电路。石英晶体振荡器过耦合电阻 R，由传感器线圈和一个微调电容组成的并联谐振回路提供一个稳频稳幅的高频激励信号，相当于一个恒流源，即给谐振回路提供一个频率稳定的激励电流 i_0，LC 回路的阻抗为：

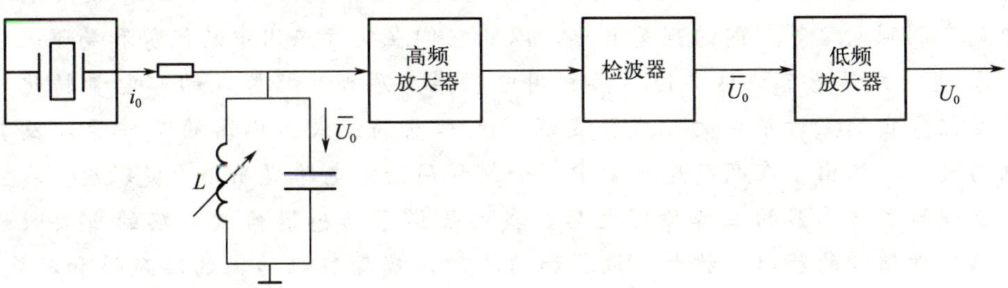

图 8-19 调幅式测量电路

$$Z = j\omega L \left\| \frac{1}{j\omega C} = \frac{j\omega L}{1-\omega^2 LC} \right. \tag{8-50}$$

式中，ω 为石英振荡频率。

由上式可知：当 $1-\omega^2 LC = 0$ 时，即 $\omega = 1/\sqrt{LC}$，由于 $\omega = 2\pi f_0$，所以有 $f_0 = 1/2\pi\sqrt{LC}$（即 LC 振荡回路的谐振频率），此时谐振回路的阻抗值最大；此外，无论是 L 增加导致 $1-\omega^2 LC < 0$ 还是 L 减小导致 $1-\omega^2 LC > 0$，都将使振荡回路的

阻抗值 Z 减小。由此可见，当金属导体与传感器的相对位置为某一个确定值时，LC 振荡回路的谐振频率恰好为激励频率（石英振荡频率）f_0，此时，回路呈现的阻抗最大，谐振回路上的压降也最大。当被测金属导体靠近或远离传感器时，线圈的等效电感 L 发生变化，导致回路失谐，相应的谐振频率改变，等效阻抗减小，从而使输出电压幅值减小。L 的数值随距离的变化而变化，因此，输出电压也随距离而变化，从而满足测量的要求。值得指出的是，调幅式的输出电压与位移不是线性关系，需要逐点标定，并用计算机线性化后才能用数码管显示出位移量。

本章小结

本章主要介绍了传感器及其测量电路的基本概念与应用。随着科技的迅猛发展，传感器在工业自动化、汽车电子、环境监测、医疗健康等多个领域的应用愈发广泛，成为现代技术的重要组成部分。传感器的基本功能是将物理量、化学量或生物量等非电信号转化为电信号，从而为后续的数据处理、分析和控制提供基础。

本章讨论了几种常见的传感器类型，包括电阻式传感器、电容式传感器和电感式传感器。

① 电阻式传感器　主要通过感知物理量（如温度、压力）的变化来引起电阻的变化。我们详细分析了电阻应变式传感器的工作原理，特别是在应变片电桥测量电路中的应用，强调了电桥的灵敏度与其设计参数之间的关系。

② 电容式传感器　通过将被测量的非电量变化转化为电容量的变化，电容式传感器能够实现高精度的非接触式测量。我们介绍了调频电路、运算放大电路和脉冲宽度调制电路等不同的测量电路，以及它们在实际应用中的优势和局限性。

③ 电感式传感器　这类传感器利用电磁感应原理，将输入的非电量转化为电感的变化。我们探讨了变磁阻式、变压器式和电涡流式传感器的工作原理及其测量电路设计，指出了在高精度测量中，如何利用谐振电路提高测量灵敏度。

在理解了传感器的工作原理之后，我们强调了传感器检测电路的重要性。这些电路负责信号的获取、放大、调理和转换，以确保数据传输的准确性和稳定性。特别是在物联网（IoT）和智能设备的背景下，高精度、低功耗的传感器系统已成为核心技术之一。未来，随着 5G、边缘计算和人工智能等技术的发展，传感器检测电路将朝着更高的集成化和智能化方向发展。

习题

思考题

1. 解释传感器如何将非电信号转换为电信号，并举例说明不同类型传感器的应用场景。

2. 描述电阻应变式传感器的工作原理，并绘制其基本测量电路。

3. 讨论影响电桥电路灵敏度的因素，并说明如何通过电桥设计提高灵敏度。

4. 阐述在电阻式传感器中，如何识别并补偿非线性误差。

5. 描述电容式传感器的基本工作原理，并讨论调频电路在其测量中的应用。

通过这些思考题，学生可以更深入地理解传感器及其测量电路的相关知识，培养分析问题和解决问题的能力。

简答题

1. 应变电阻式传感器的工作原理是什么？

2. 引起电阻应变片温度误差的原因是什么？电阻应变片的温度补偿方法是什么？

3. 试分析差动测量电路在应变电阻式传感器测量中的好处。

4. 试分析电容式厚度传感器的工作原理。

5. 根据工作原理的不同，电感式传感器可分为哪些种类？

6. 试分析变气隙厚度电感式传感器的工作原理。

7. 试分析交流电桥和变压器式交流电桥测量电路的工作原理。

8. 引起零点残余电压的原因是什么？如何消除零点残余电压？

9. 在使用螺线管电感式传感器时，如何根据输出电压来判断衔铁的位置？

10. 根据电容式传感器工作时变换参数的不同，可以将电容式传感器分为哪几种类型？各有何特点？

11. 试讨论变极距型电容式传感器的非线性及其补偿方法。

12. 有一个直径为 2m、高 5m 的铁桶，往桶内连续注水，当注水量达到桶容量的 80%时就应当停止，试分析用应变电阻式传感器或电容式传感器来解决该问题的途径和方法。

计算题

1. 将 100 Ω 电阻应变片贴在弹性试件上，如果试件截面积为 $0.5\times10^{-4}\,m^2$，弹性模量 $E=2\times10^{11}\,N/m^2$，若由 $5\times10^4\,N$ 的拉力引起应变计电阻变化为 1 Ω，求该电阻应变片的灵敏度系数。

2. 一个量程为 10kN 的应变电阻式力传感器，其弹性元件为薄壁圆筒，轴向受力，外径 20mm，内径 18mm，在其表面粘贴 8 个电阻应变片，4 个沿轴向粘贴，4 个沿周向粘贴，电阻应变片的电阻值均为 1202，灵敏度为 2.0，泊松比为 0.3，材料弹性模量为 $2.1\times10^{11}\,N/m^2$，要求：

① 绘出弹性元件贴片位置及全桥电路；

② 计算传感器在满量程时，各电阻应变片的阻值变化；

③ 当桥路的供电电压为 10V 时，计算桥路的输出电压。

参考文献

［1］ Arun K R，Ayodeji O S，Sharad S，et al. Internet of Things：Energy，Industry，and Healthcare［M］. Florida：CRC Press，2021.

［2］ Ali，W. R.，Prasad，et al. Piezoelectric Mems Based Acoustic Sensors：A Review［J］. Sensors and Actuators，A：Physical，2020，Vol. 301：111756.

［3］ Yao S L，Guan R W，Peng Z T，et al. Exploring Radar Data Representations in Autonomous Driving：A Comprehensive Review［J］. IEEE Transactions on Intelligent Transportation Systems，2025，Vol. 26（6）：7401-7425.

［4］ Chandra M J. Thermal Sensors Principles and Applications for Semiconductor Industries［M］. Berlin：Springer，2015.

［5］ 张欣，赵精武，傅鹏，等．迈向自动驾驶时代：全球自动驾驶规则要览［M］. 北京：对外经济贸易大学出版社，2023.

［6］ Jyotsna K M，Mike H，Sabyasachi S，et al. Applications of Networks，Sensors and Autonomous Systems Analytics［M］. Singapore：Springer Singapore，2022.

［7］ Ma Q L，Jian Q W，Li M Q，et al. LiDAR-Visual Fusion SLAM for Autonomous Vehicle Location［J］. IEEE Internet of Things Journal，2025，Vol. 12（13）：25197-25210.

［8］ Kong H，Huang C，Yu J D，et al. A Survey of mmWave Radar-Based Sensing in Autonomous Vehicles，Smart Homes and Industry［J］. IEEE Communications Surveys and Tutorials，2025，Vol. 27（1）：463-508.

［9］ Jose E N，Carlos A M，Diego F B V，et al. Wearable Sensors in Industrial Ergonomics：Enhancing Safety and Productivity in Industry 4. 0［J］. Sensors，2025，Vol. 25（5）：1526.

［10］ 李春雷，江腾蛟，姚小虎，等．力学超材料设计与性能调控［M］. 北京：机械工业出版社，2024.

［11］ Amir S F，Fateme A T，Mitra R. Ultrasound technology and tomato industry：A review［J］. Ultrasonics Sonochemistry，2025，118：107374.

［12］ Ma X Y，Cai Z Y，Zhuang C J，et al. Integrated microcavity electric field sensors using Pound-Drever-Hall detection［J］. Nature Communications，2024，15（1）：1386.

［13］ 八六三计划海洋领域海洋监测技术主题办公室主编．海洋监测化学、生物传感器及集成技术探讨［M］. 厦门：厦门大学出版社，2000.

［14］ 姚力波，高贵，彭煊，等．卫星海洋目标信息感知与处理技术［M］. 北京：人民邮电出版社，2024.

［15］ 刘伯胜，雷家煜．水声学原理［M］. 哈尔滨：哈尔滨工程大学出版社，2010.

［16］ 周志东，田兆清，哈斯花．传感器技术及应用［M］. 成都：电子科技大学出版社，2020.

［17］ 冯跃，娄文忠，韩炎晖．军用微系统设计与制造［M］. 北京：北京理工大学出版社，2021.

［18］ 高秀峰．军事信息技术基础［M］. 北京：电子工业出版社，2017.

［19］ 承德宝．雷达原理［M］. 北京：国防工业出版社，2008.

［20］ 苏铁健．非电量测量技术［M］. 北京：北京理工大学出版社，2022.

［21］ 许江宁，马恒，何泓洋．陀螺原理［M］. 北京：科学出版社，2019.

［22］（美）费利克斯·莱文森．内装电路压电加速度计［M］. 唐旭晖，译．秦皇岛：燕山大学出版社，2019.

［23］ 李劲东．卫星遥感技术［M］. 北京：北京理工大学出版社，2018.

［24］ 张雍．航空航天遥感技术地学应用研究［M］. 北京：地质出版社，1993.

［25］ 李新，魏广芬，吕品．半导体传感器原理与应用［M］. 北京：清华大学出版社，2018.

［26］ 武海．电化学传感器的构建与应用［M］. 北京：化学工业出版社，2021.

［27］ 潘峰．声表面波材料与器件［M］. 北京：科学出版社，2011.

［28］ 陈明，范东远，李岁劳．声表面波传感器［M］. 西安：西北工业大学出版社，1997.

［29］ 石维，王强．传感器电路技术［M］. 成都：电子科技大学出版社，2018.

［30］ 陈书旺，宋立军，许云峰．传感器原理及应用电路设计［M］. 北京：北京邮电大学出版社，2015.

［31］ 张宪，宋立军．传感器与测控电路［M］. 北京：化学工业出版社，2011.

［32］ 刘焕成．传感器与电测技术［M］. 北京：清华大学出版社，2017.